Nomenclatura de Química Inorgánica

Francisco José Moreno Hueso

© Francisco José Moreno Hueso

TÍTULO DEL LIBRO: Nomenclatura de Química Inorgánica

Segunda Edición, 2023

Edita: Independently published

ISBN: 9798352374580

No se permite la reproducción total o parcial de este libro, ni su incorporación a un sistema informático, ni su transmisión en cualquier forma o por cualquier método, sea éste electrónico, mecánico, por fotocopia, por grabación u otros métodos, sin el permiso previo y por escrito de los autores del copyright de esta obra. La infracción de los derechos mencionados puede ser constitutiva de delito contra la propiedad intelectual (Art. 270 y siguientes del Código Penal).

Para Jaime, que está comenzando a caminar por la senda de la ciencia, con el deseo de que cumpla sus sueños.

Prólogo

"La tabla periódica era increíblemente hermosa, lo más hermoso que yo había visto. Jamás pude analizar de manera adecuada lo que yo quería dar a entender por belleza en este caso: ¿simplicidad?, ¿coherencia?, ¿ritmo?, ¿inevitabilidad? O quizá se trataba de la simetría, del hecho de que cada elemento quedara firmemente encerrado en su lugar, sin huecos ni excepciones, de que todo implicara la existencia de todo."

OLIVER SACKS, *El tío Tungsteno: recuerdos de un químico precoz*

Hace algún tiempo que tenía en mente escribir un libro sobre nomenclatura de química inorgánica. Ahora, después de años de trabajo como profesor de secundaria, reelaboro los apuntes que tenía para, humildemente, tratar de poner luz a la disparidad de criterios que aparecen en libros de texto, páginas *web*, *blog* y otros en la materia que trata el libro.

El libro estaba inicialmente pensado para bachillerato y la preparación para las PEvAU, pero dado el tiempo libre que muchos hemos tenido debido al confinamiento por la pandemia de la covid-19, he querido abarcar también el nivel del primer curso del grado de ciencias.

El libro tiene, pues, una primera lectura para bachillerato con los aspectos básicos para la nomenclatura y el desarrollo de la nomenclatura básica donde aparecen en columnas rellenas de gris la nomenclatura normalmente utilizada en las PEvAU. Y una segunda, para los alumnos de universidad, de todo el libro: para el repaso de los conocimientos aprendidos en bachillerato y para la adquisición de otros nuevos. En este último aspecto, hago un desarrollo más profundo de los capítulos sobre oxoácidos (nombres de hidrógeno y nomenclatura de adición) y oxosales (nomenclatura de composición y nomenclatura de adición); y dos capítulos, uno sobre sales generalizadas y compuestos de adición, y otro sobre compuestos de coordinación y otras sales.

El último capítulo es de ejercicios de recapitulación donde resumo la nomenclatura de todos los tipos de compuestos y propongo un total de 50 ejercicios de dos niveles de dificultad con su solución explicada. El ejercicio final del libro es un *totum revolutum* con toda la nomenclatura utilizada en el libro.

En la última página presento el significado de algunas notaciones y términos que se emplean en el libro y las referencias bibliográficas.

Agradecimientos

Agradezco las correcciones ortotipográficas a Tomás López Moraleda, profesor de instituto de Lengua y Literatura que ya colaboró en otro de mis libros.

Espero ayudar a profesores y alumnos con el presente trabajo, hecho con la mayor ilusión.

El autor

Capítulo 0

Introducción

Las últimas recomendaciones de la IUPAC para la nomenclatura de las sustancias inorgánicas que aparecen en el libro *Nomenclatura de Química Inorgánica. Recomendaciones de la IUPAC 2005* (el Libro Rojo de la IUPAC) introducen cambios importantes que hacen necesaria una revisión de los contenidos que se han de impartir a los estudiantes de ESO y Bachillerato en este tema.

Algunos de los cambios son los siguientes:

1. Los compuestos de los halógenos con el oxígeno no se nombran como óxidos, sino como haluros de oxígeno.

2. Se modifica la nomenclatura sistemática de los oxoácidos y las oxosales.

3. Se suprimen los nombres de fosfina, arsina y estibina para sustituirlos por los de fosfano, arsano y estibano.

4. Se modifica la nomenclatura de iones.

5. Se suprimen algunos nombres tradicionales o vulgares de sustancias simples, combinaciones binarias, iones, oxoácidos y oxosales.

Existen varios sistemas de nomenclatura para las sustancias químicas. Cada uno de ellos tiene su propia lógica inherente y su conjunto de reglas.

Los tres principales sistemas de nomenclatura en química inorgánica son la nomenclatura de composición, la de sustitución y la de adición. La nomenclatura de adición es quizás la que puede usarse de forma más generalizada en química inorgánica, mientras que la nomenclatura de sustitución, muy relacionada con la que se utiliza en química orgánica, se utiliza para especies químicas derivadas de los llamados *hidruros progenitores*. Estos dos sistemas requieren el conocimiento de la estructura de las especies químicas que van a ser nombradas. En cambio, la nomenclatura de composición no requiere el conocimiento de la estructura y solo se indica la estequiometría o composición.

- Nomenclatura de composición

    Como hemos señalado anteriormente, esta nomenclatura está basada en la composición y no en la estructura. Por ello, puede ser la única forma de nombrar un compuesto si no se dispone de información estructural. En ella se indica la proporción de los componentes a partir de la fórmula empírica o la molecular. Los componentes pueden ser solo elementos (nombres estequiométricos); elementos y/o entidades compuestas tales como iones poliatómicos o solo compuestos (nombres estequiométricos generalizados). La proporción de los componentes puede indicarse de varias formas:

    - Con prefijos multiplicadores ('mono-', 'di-', 'tri-', etc.) o multiplicadores alternativos ('bis-', 'tris-', 'tetrakis-', etc.), o mediante un descriptor formado por números arábigos separados por una o varias barras.

Fe_2O_3	trióxido de dihierro
$Sr(NO_3)_2$	bis(trioxidonitrato) de estroncio
$BH_3 \cdot NH_3$	amoniaco—borano (1/1)

    - Expresando el número de oxidación con números romanos

Fe_2O_3	óxido de hierro(III)
$Cu(OH)_2$	hidróxido de cobre(II)
$Co_2O_3 \cdot nH_2O$	óxido de cobalto(III)—agua $(1/n)$

    - Utilizando el número de carga de los iones mediante los números de Ewens-Bassett (números arábigos seguidos del signo correspondiente)

Fe_2O_3	óxido de hierro(3+)
$[PtCl_2(NH_3)_2]SO_4$	sulfato de diamminodicloruroplatino(2+)

- Nomenclatura de sustitución

    De forma general, en esta nomenclatura se parte del nombre de unos compuestos denominados *hidruros progenitores* y se indica, junto con los prefijos multiplicadores correspondientes, el nombre de los átomos o grupos de átomos que sustituyen a los hidrógenos.

NF_3	trifluoroazano (deriva del azano, NH_3)
PH_2Cl	clorofosfano (deriva del fosfano, PH_3)
H_3O^+	oxidanio (deriva del oxidano, H_2O)

- Nomenclatura de adición

    Fue desarrollada originalmente para los compuestos de coordinación de tipo Werner.[1] En esta nomenclatura se considera que el compuesto consta de un átomo central o átomos centrales con ligandos asociados, cuyo número se indica con los prefijos multiplicadores correspondientes.

PCl_5	pentaclorurofósforo
SF_6	hexafluoruroazufre
$HNO_3 = [NO_2(OH)]$	hidroxidodioxidonitrógeno

Los tres sistemas de nomenclatura pueden proporcionar nombres diferentes, pero sin ambigüedades, para un compuesto dado. Así, el compuesto molecular formado por tres átomos de cloro y uno de fósforo, PCl_3, podemos nombrarlo como: tricloruro de fósforo o cloruro de fósforo(III) (n. de composición), triclorofosfano (n. sustitución) y triclorurofósforo (n. de adición).

La elección entre los tres sistemas depende de la clase de compuesto inorgánico de que se trate y del grado de detalle que deseemos comunicar. Así, el compuesto Hg_2Br_2 formado por dos iones Br^- y un ion Hg_2^{2+} se puede nombrar como dibromuro de dimercurio, donde no se especifica qué tipo de ion mercurio contiene (porque no aclara si contiene dos iones mercurio(1+), Hg^+, o un ion dimercurio(2+), Hg_2^{2+}), o bromuro de dimercurio(2+), o también, dibromuro de (dimercurio), donde sí se especifica en estos dos casos que contiene el ion Hg_2^{2+}.

La IUPAC también acepta como válidos nombres tradicionales o vulgares para ciertas sustancias e iones, vestigios de la nomenclatura antigua, que están muy anclados todavía. Es el caso, por ejemplo, de nombres de compuestos binarios muy conocidos y de muchos oxoácidos y oxosales:

NH_3	amoniaco
H_2O_2	peróxido de hidrógeno
MnO_4^-	permanganato

También acepta una nomenclatura alternativa, la nomenclatura de hidrógeno, que se puede utilizar para especies químicas que contienen hidrógeno. Es muy útil para nombrar ciertos oxoácidos, como H_2MnO_4, para los que no existen nombres tradicionales:

---

[1] Los compuestos de coordinación tipo Werner tienen al menos un constituyente que es un ion complejo (o entidad de coordinación) formado por un metal de transición unido a varios ligandos que suelen ser moléculas o iones. En el cloruro de tetraamminocobre(II), $[Cu(NH_3)_4]Cl_2$, el ion complejo es el ion tetraamminocobre(II), $[Cu(NH_3)_4]^{2+}$, formado por un átomo central de Cu rodeado por cuatro ligandos ammino, NH_3.

H_2O_2	dihidrogeno(peróxido)
HS^-	hidrogeno(sulfuro)(1−)
H_2MnO_4	dihidrogeno(tetraoxidomanganato)

¿Qué nomenclatura utilizamos en este manual?

- La nomenclatura de composición para las sustancias elementos, los compuestos binarios y los hidróxidos, mediante prefijos multiplicadores, mediante el número de oxidación expresado en números romanos o mediante los números de carga; para las mayoría de los iones, utilizando la nomenclatura basada en los números de carga; y para las oxosales, especialmente para aquellas que no se pueden nombrar con nombres vulgares, en la que nombramos el anión mediante la nomenclatura de adición o la de hidrógeno.

- La nomenclatura de sustitución para iones derivados de los *hidruros progenitores*.

- La nomenclatura de hidrógeno para los oxoácidos, especialmente aquellos para los que no son válidos los nombres vulgares.

- Los nombres vulgares de ciertas sustancias e iones muy conocidos y de muchos oxoácidos y oxosales. Para las oxosales se expresará la carga del ion mediante números de carga y números romanos.

No obstante, como las Ponencias de Química para las PEvAU admiten para la fórmula de una sustancia el nombre en cualquier nomenclatura aceptada actualmente por la IUPAC, utilizamos otros tipos de nomenclatura para ciertos compuestos. Así, utilizamos la nomenclatura de adición para oxoácidos, aniones procedentes de oxoácidos y oxosales, con el previo conocimiento de su estructura.

Cuando en una tabla aparecen en columnas los nombres de un compuesto según distintas nomenclaturas, aquellas columnas que están rellenas de gris muestran los nombres más usuales que se preguntan en las cuestiones de nomenclatura de las PEvAU.

Ante la diversidad de nombres para una misma sustancia, piénsese, por ejemplo, los nombres considerados como válidos para la sustancia H_2S: sulfuro de hidrógeno, sufuro de dihidrógeno, sulfano, dihidrogeno(sulfuro), la IUPAC tiene programado el proyecto sobre los *nombres preferidos* de sustancias inorgánicas en una nomenclatura coherente con los *nombres preferidos* de sustancias orgánicas que se han publicado en diciembre de 2013 en la *Nomenclatura de Química Orgánica. Recomendaciones y nombres preferidos de la IUPAC* (el Libro Azul de la IUPAC).

Capítulo 1

Aspectos básicos para la nomenclatura

En este capítulo incluimos conceptos y términos necesarios para la nomenclatura de las especies químicas que aparecen en este manual.

1.1. La tabla periódica de los elementos

Las fórmulas químicas se construyen mediante los símbolos de los distintos elementos que constituyen la especie química de que se trate. Para formular y nombrar las especies químicas, debemos aprender el nombre y el símbolo de la mayoría de los elementos de la tabla periódica (normalmente, no aparecen en los libros fórmulas o nombres de especies químicas que incluyan elementos desde el número atómico 104 al 120 y muchos de los lantánidos y actínidos).

La tabla periódica que se muestra más abajo es la recomendada por la IUPAC. Los elementos se disponen en un bloque mayor formado por filas (períodos) y columnas (grupos) y el bloque de los lantánidos y actínidos. Los elementos están ordenados de izquierda a derecha y de arriba abajo por el número atómico, Z. Cada elemento tiene un nombre y un símbolo (Tabla I). Hasta el año 1800 solo se habían identificado 34 elementos químicos, entre ellos el arsénico, el cobre o el oro, cuyos nombres son de origen desconocido. Desde el 1800 hasta nuestros días se han identificado el resto de los elementos que figuran en la tabla (a excepción de los elementos 119 y 120, que aún no han sido sintetizados). Sus nombres están relacionados con la sustancia donde se encontró (sodio, calcio), propiedades físicas (yodo, radio), nombre de científicos (mendelevio, curio), lugares geográficos (polonio, francio), astros (telurio, selenio) o la mitología (prometio y torio).[1] Actualmente, los nuevos elementos sintetizados o a la espera de serlo tienen un nombre provisional hasta que la IUPAC lo apruebe, que se establece mediante una nomenclatura sistemática aprobada igualmente por la IUPAC (Tabla II).[2]

El bloque mayor de la tabla periódica está formado por 18 grupos y 8 períodos. Mientras que los elementos de un grupo tienen en común que poseen las mismas propiedades debido a que tienen el mismo número de electrones en su último nivel electrónico (capa de valencia), los elementos de un período tienen en común que sus electrones más externos están en el mismo nivel energético, aquel que coincide con el número del período.

Los grupos se numeran del 1 al 18. Los elementos de los grupos 1, 2 y 13-18 (exceptuando el hidrógeno) se denominan elementos de los grupos principales. Los dos primeros elementos de cada uno de los grupos principales, exceptuando el grupo 18, se llaman elementos típicos. Los elementos de los grupos 3-12 se denominan elementos de transición. El bloque menor lo constituyen los lantánidos y actínidos, llamados elementos de transición interna. Los períodos se numeran del 1 al 8 y están constituidos por un número variable de elementos (el período 1, por dos; el período 2, por 8; el período 3, por 8, etc.).

Para memorizar los elementos del bloque mayor, lo haremos por grupos, de arriba abajo. Es tradicional que los elementos de los grupos 8-10 se memoricen horizontalmente (Fe, Co, Ni; Ru, Rh, Pd; Os, Ir, Pt). Muchos grupos tienen nombres que están aprobados por la IUPAC: metales alcalinos (Li, Na, K, Rb, Cs, Fr), metales alcalinotérreos (Be, Mg, Ca, Sr, Ba y Ra), pnictógenos (N, P, As, Sb y Bi), calcógenos (O, S, Se, Te y Po), halógenos (F, Cl, Br, I y At) y gases nobles (He, Ne, Ar, Kr, Xe y Rn).

Como hemos señalado anteriormente, un átomo de un elemento se caracteriza por su número atómico, que es el número de protones que contiene en su núcleo. Un átomo neutro tiene el mismo número de protones que de electrones. Un átomo puede ganar o perder electrones para trasformarse en un anión (ion con carga

---

[1] Los símbolos de muchos elementos y raíces que se emplean en derivados de algunos elementos proceden de nombres de otras lenguas: el símbolo del hierro procede de su nombre en latín *ferrum*; el del plomo, del nombre latino *plumbum*; el del wolframio, de su nombre alemán *wolfram*; la raíz 'tio' para algunos derivados del azufre, del nombre del azufre en griego, *theion*, etc.

[2] El nombre se construye uniendo las raíces de los nombres de los dígitos (Tabla III) según el orden de los dígitos que forman el número atómico del elemento y se les añade la terminación 'io'. La 'n' final de 'enn' se elimina cuando se encuentra antes de 'nil', así como la 'i' final de 'bi' y de 'tri' cuando aparece antes de 'io'.

El símbolo del elemento se forma con las letras iniciales de las raíces numéricas que forman el nombre.

neta negativa) o catión (ion con carga neta positiva), respectivamente. Según la teoría de Lewis, los átomos tienen tendencia a ganar o perder electrones (también a compartirlo con otros átomos) para alcanzar la estabilidad, situación en la que su energía es la mínima. Para ello, ganan o pierden tantos electrones como sea necesario para adquirir la configuración electrónica de gas noble, que se caracteriza por tener ocho electrones en su capa de valencia (octeto). Por eso, a la regla mediante la cual los átomos tienden a alcanzar ocho electrones en su capa de valencia se le llama regla del octeto.

Es muy interesante, y ayudará en gran medida a la formulación, el conocer los iones estables de los elementos principales (recordemos: los de los grupos 1, 2 y 13-17 —excluimos los del grupo 18, que no forman iones estables por tener completa su capa de valencia—). Pues bien, los grupos 1, 2, 13, 14, 15, 16 y 17 tienen, respectivamente, 1, 2, 3, 4, 5, 6 y 7 electrones en la capa de valencia (como se ve, y es una regla nemotécnica, el número de estos electrones coincide con el dígito de las unidades del número del grupo). Así, en general, los átomos de los elementos de los grupos 1, 2 y 3 tienen tendencia a perder sus electrones de la capa de valencia para formar los cationes X^+, X^{2+} y X^{3+}, respectivamente; y los átomos de los elementos de los grupos 14, 15, 16, y 17 tienen tendencia, en general, a ganar los electrones necesarios para formar los aniones X^{4-}, X^{3-}, X^{2-} y X^-, respectivamente. Por ejemplo, el ion más estable del aluminio, Al, que pertenece al grupo 3 es Al^{3+} (un átomo de aluminio, que tiene tres electrones en su capa de valencia, pierde esos tres electrones para adquirir la configuración del gas noble anterior, el neón; y el ion más estable del oxígeno, O, que pertenece a grupo 16 es O^{2-} (un átomo de oxígeno, que tiene seis electrones en su capa de valencia, gana dos electrones para adquirir la configuración del gas noble siguiente, el neón).

Es útil también para la formulación establecer las diferencias entre elementos metales y no metales. Los primeros ocupan la parte central e izquierda de la tabla, se caracterizan por que forman iones positivos estables y tienen ciertas propiedades: brillo metálico, son conductores del calor y de la electricidad, tienen poca energía de ionización, etc. Los segundos ocupan la parte de la derecha y se caracterizan por que forman iones negativos estables y tienen ciertas propiedades, opuestas a los metales: carecen de brillo metálico, no son conductores del calor ni de la electricidad, tienen poca energía de ionización, etc. Ambas clases de elementos están separados por una línea quebrada alrededor de la cual se encuentran los semimetales o metaloides (B, Si, Ge, As, Sb, Te y Po), que tienen propiedades intermedias entre los metales y no metales (pueden tener brillo metálico o no y son semiconductores, esto es, que se comportan como conductor o como aislante dependiendo de diversos factores, como, por ejemplo, el campo eléctrico o magnético, la presión, la radiación que le incide o la temperatura).

TABLA PERIÓDICA DE LOS ELEMENTOS

	1	2	3	4	5	6	7	8	9	10	11	12	13	14	15	16	17	18
1	1 H																	2 He
2	3 Li	4 Be											5 B	6 C	7 N	8 O	9 F	10 Ne
3	11 Na	12 Mg											13 Al	14 Si	15 P	16 S	17 Cl	18 Ar
4	19 K	20 Ca	21 Sc	22 Ti	23 V	24 Cr	25 Mn	26 Fe	27 Co	28 Ni	29 Cu	30 Zn	31 Ga	32 Ge	33 As	34 Se	35 Br	36 Kr
5	37 Rb	38 Sr	39 Y	40 Zr	41 Nb	42 Mo	43 Tc	44 Ru	45 Rh	46 Pd	47 Ag	48 Cd	49 In	50 Sn	51 Sb	52 Te	53 I	54 Xe
6	55 Cs	56 Ba	Lantánidos 57-71	72 Hf	73 Ta	74 W	75 Re	76 Os	77 Ir	78 Pt	79 Au	80 Hg	81 Ta	82 Pb	83 Bi	84 Po	85 At	86 Rn
7	87 Fr	88 Ra	Actínidos 89-103	104 Rf	105 Db	106 Sg	107 Bh	108 Hs	109 Mt	110 Ds	111 Rg	112 Cn	113 Nh	114 Fl	115 Mc	116 Lv	117 Ts	118 Og
8	119 Uue	120 Ubn																

Lantánidos	57 La	58 Ce	59 Pr	60 Nd	61 Pm	62 Sm	63 Eu	64 Gd	65 Tb	66 Dy	67 Ho	68 Er	69 Tm	70 Yb	71 Lu
Actínidos	89 Ac	90 Th	91 Pa	92 U	93 Np	94 Pu	95 Am	96 Cm	97 Bk	98 Cf	99 Es	100 Fm	101 Md	102 No	103 Lr

1.1. LA TABLA PERIÓDICA DE LOS ELEMENTOS

Tabla I. *Nombres, símbolos y números atómicos (Z) de los elementos*

Nombre	Símbolo	Z	Nombre	Símbolo	Z
actinio	Ac	89	flúor	F	9
aluminio	Al	13	fósforo	P	15
americio	Am	95	francio	Fr	87
antimonio	Sb	51	gadolinio	Gd	64
argón	Ar	18	galio	Ga	31
arsénico	As	33	germanio	Ge	32
astato (ástato)	At	85	hafnio	Hf	72
azufre	S	16	hasio	Hs	108
bario	Ba	56	helio	He	2
berilio	Be	4	hidrógeno	H	1
berkelio	Bk	97	hierro	Fe	26
bismuto	Bi	83	holmio	Ho	67
bohrio	Bh	107	indio	In	49
boro	B	5	iridio	Ir	77
bromo	Br	35	iterbio	Yb	70
cadmio	Cd	48	itrio	Y	39
calcio	Ca	20	kriptón (criptón)	Kr	36
californio	Cf	98	lantano	La	57
carbono	C	6	lawrencio (laurencio)	Lr	103
cerio	Ce	58	litio	Li	3
cesio	Cs	55	livermorio	Lv	116
circonio (zirconio)	Zr	40	lutecio	Lu	71
cloro	Cl	17	magnesio	Mg	12
cobalto	Co	27	manganeso	Mn	25
cobre	Cu	29	meitnerio	Mt	109
copernicio	Cn	112	mendelevio	Md	101
cromo	Cr	24	mercurio	Hg	80
curio	Cm	96	molibdeno	Mo	42
darmstatio	Ds	110	moscovio	Mc	115
disprosio	Dy	66	neodimio	Nd	60
dubnio	Db	105	neón	Ne	10
einstenio	Es	99	neptunio	Np	93
erbio	Er	68	nihonio	Nh	113
escandio	Sc	21	niobio	Nb	41
estaño	Sn	50	níquel	Ni	28
estroncio	Sr	38	nitrógeno	N	7
europio	Eu	63	nobelio	No	102
fermio	Fm	100	oganesón	Og	118
flerovio	Fl	114	oro	Au	79

Tabla I. *Continuación*

Nombre	Símbolo	Z	Nombre	Símbolo	Z
osmio	Os	76	samario	Sm	62
oxígeno	O	8	seaborgio	Sg	106
paladio	Pd	46	selenio	Se	34
plata	Ag	47	silicio	Si	14
platino	Pt	78	sodio	Na	11
plomo	Pb	82	talio	Tl	81
plutonio	Pu	94	tántalo	Ta	73
polonio	Po	84	tecnecio	Tc	43
potasio	K	19	telurio	Te	52
praseodimio	Pr	59	teneso	Ts	117
prometio	Pm	61	terbio	Tb	65
protactinio	Pa	91	titanio	Ti	22
radio	Ra	88	torio	Th	90
radón	Rn	86	tulio	Tm	69
renio	Re	75	uranio	U	92
rodio	Rh	45	vanadio	V	23
roentgenio	Rg	111	wolframio	W	74
rubidio	Rb	37	xenón	Xe	54
rutenio	Ru	44	yodo (iodo)	I	53
rutherfordio	Rf	104	zinc (cinc)[3]	Zn	30

Tabla II. *Nombres provisionales, símbolos y números atómicos (Z) de algunos de los elementos de número atómico mayor de 111*

Nombre	Símbolo	Z	Nombre	Símbolo	Z
ununbio	Uub	112	ununseptio	Uus	117
ununtrio	Uut	113	ununoctio	Uuo	118
ununcuadio	Uuq	114	ununennio	Uue	119
ununpentio	Uup	115	unbinilio	Ubn	120
ununhexio	Uuh	116	unbiunio	Ubu	121

Tabla III. *Raíces numéricas para la construcción de los nombres provisionales de los nuevos elementos*

$$0=\text{nil} \quad 1=\text{un} \quad 2=\text{bi} \quad 3=\text{tri} \quad 4=\text{quad}\ [4]$$
$$5=\text{pent} \quad 6=\text{hex} \quad 7=\text{sept} \quad 8=\text{oct} \quad 9=\text{enn}$$

---

[3]De acuerdo con la referencia bilibliográfica [5], se dio preferencia a la grafía *zinc* y *cinc* se registró como variante (o nombre alternativo al principal). Además, entre otros acuerdos, se dio preferencia a la grafía *telurio* y se eliminó como variante *teluro*.

[4]En español se escribe 'cuad'.

1.1. LA TABLA PERIÓDICA DE LOS ELEMENTOS

Ejercicio 1.1

a) ¿Por qué el símbolo de la plata es Ag; el del fósforo, P; y el del mercurio, Hg?

b) Hablando de capas electrónicas y de electrones, ¿qué tienen en común el selenio y el telurio? ¿Y el telurio y el yodo?

c) El elemento 119 aún no se ha sintetizado. Deduzca su nombre sistemático y justifique su reactividad química.

Respuesta:

a) El símbolo de la plata es Ag porque procede del nombre latino *argentum*, que a su vez viene de la raíz indoeuropea 'arg-' que significa 'brillante'. El del fósforo es P porque procede del nombre griego *phosphoros*, que significa 'que lleva la luz, que da luz', por el nombre que le asignaban los griegos al planeta Venus pues aparece como un punto luminoso al amanecer, igual que el fósforo emite luz en la oscuridad porque arde al combinarse con el oxígeno del aire. El del mercurio es Hg porque procede del nombre latino *hydrargyrus*, que proviene del griego *hydrargyros*, que significa 'agua plateada'.

b) El selenio y el telurio pertenecen al mismo grupo, el grupo 16 (calcógenos) y tienen 6 electrones en la capa de valencia. El telurio y el yodo pertenecen al mismo período, el período 5, y sus electrones más externos están en la quinta capa o quinto nivel energético.

c) El nombre sistemático se construye uniendo las raíces 'un', correspondientes a los dos unos, con la raíz 'enn' del nueve, y añadiendo la terminación 'io': un-un-enn-io= ununennio, de símbolo Uue, que se obtiene al unir las iniciales de las tres raíces. Como pertenecería al grupo de los alcalinos, sería un metal muy reactivo, el más reactivo de todos (tendría muy poca energía de ionización y mucha tendencia a formar el ion monopositivo).

Ejercicio 1.2

Atendiendo a su posición en la tabla periódica, justifique el ion más estable:
a) Del elemento potasio.
b) Del elemento cloro.
c) De un elemento pnictógeno.
d) De un elemento alcalinotérreo.

**Respuesta:**

a) El potasio pertenece al grupo 1. Tiene un electrón en su última capa. Sus átomos tienden a perder ese electrón para formar el ion K^+, muy estable, al tener la configuración electrónica de gas noble.

b) El cloro pertenece al grupo 17. Tiene siete electrones en su última capa. Sus átomos tienden a ganar un electrón para formar el ion Cl^-, muy estable, al tener la configuración electrónica de gas noble.

c) Los pnictógenos (nitrógeno, fósforo, etc.) pertenecen al grupo 15. Tienen cinco electrones en su última capa. Los átomos de los elementos de este grupo tienden a ganar tres electrones para formar el ion X^{3-}, muy estable, al tener la configuración electrónica de gas noble.

d) Los elementos del grupo de los alcalinotérreos (magnesio, calcio, etc.) pertenecen al grupo 2. Tienen dos electrones en su última capa. Los átomos de este grupo tienden a perder esos dos electrones para formar el ion M^{2+}, muy estable, al tener la configuración electrónica de gas noble.

 Recuerde:

El número de electrones de la capa de valencia de los átomos de los elementos principales coincide con el dígito de las unidades del número del grupo al que pertenecen. Sus átomos tienen tendencia o bien a perder sus electrones de la capa de valencia para formar el catión, o a ganar los electrones necesarios para formar el anión y así adquirir la configuración del gas noble.

 Ejercicio 1.3

Complete la siguiente tabla:

Elemento	Nº del grupo	Electrones de valencia	Carga del ion estable	Fórmula del ion estable
Selenio	16	6	2−	Se^{2-}
Carbono				
Aluminio				
Yodo				
Rubidio				

Respuesta:

Elemento	Nº del grupo	Electrones de valencia	Carga del ion estable	Fórmula del ion estable
Selenio	16	6	2−	Se^{2-}
Carbono	14	4	4−	C^{4-}
Aluminio	13	3	3+	Al^{3+}
Yodo	17	7	1−	I^-
Rubidio	1	1	1+	Rb^+

1.2. Índices en los símbolos de los elementos. Isótopos

Los átomos están constituidos por una zona central, el núcleo, y por una corteza, muy distante de él, donde se encuentran los electrones. Las partículas que hay en el núcleo se llaman nucleones y son el protón y el neutrón. Un núcleo se caracteriza por su número de protones, llamado número atómico, Z; y por su número de nucleones (protones y neutrones), llamado número másico, A. Un átomo neutro tiene el mismo número de protones que de electrones. Todos los átomos de un mismo elemento tienen igual número atómico, Z. Un átomo cuya carga eléctrica es distinta de cero es un ion.

Existen una gran variedad de átomos diferentes, y pueden estar cargados o no. Cada uno de los átomos los definimos mediante tres características: su número atómico, Z, su número másico, A, y la carga, $n+$ o $n-$. Cada uno de los átomos se representa por el símbolo del elemento, X, rodeado por subíndices y superíndices, mediante esta notación: $^{A}_{Z}X^{n+}$ o $^{A}_{Z}X^{n-}$.

Ejemplos:

1. $^{16}_{8}O^{2-}$ representa un átomo de oxígeno de número másico 16 que ha ganado dos electrones.

2. $^{40}_{20}Ca^{2+}$ representa un átomo de calcio de número másico 40 que ha perdido dos electrones.

3. $^{33}_{16}S$ representa un átomo neutro de azufre de número másico 33.

Se llama isótopos a los átomos del mismo elemento que se diferencian por su número másico. Se nombran y se formulan teniendo en cuenta este número. Los isótopos del hidrógeno tienen nombres vulgares aceptados.

^{1}H	hidrógeno-1; protio
^{2}H	hidrógeno-2; deuterio
^{3}H	hidrógeno-3; tritio

$^{12}_{6}$C	carbono-12
$^{13}_{6}$C	carbono-13
$^{14}_{6}$C	carbono-14

Una reacción nuclear se representa mediante una ecuación en la que se indican los núclidos[5] y partículas que intervienen. La reacción nuclear entre $^{14}_{7}$N y un neutrón, $^{1}_{0}$n, para dar núcleos de $^{14}_{6}$C y $^{1}_{1}$H (un protón), se representa como sigue:

$$^{14}N(n,p)^{14}C$$

1.3. Las sustancias y sus fórmulas

Las sustancias puras (en adelante, sustancias) son aquellos sistemas materiales que están formados por entidades iguales (átomos, moléculas o unidades fórmula).[6] Si están formadas por átomos del mismo elemento, se trata de sustancias elemento o sustancias simples, y si están formadas por átomos de elementos diferentes se trata de sustancias compuesto o compuestos.

Podemos clasificar las sustancias puras en:

- Covalentes moleculares, formadas por moléculas.

- Covalentes macromoleculares o sólidos atómicos, formadas por agregados de átomos iguales o diferentes que no son moléculas.

- Metálicas, formadas por agregados de iones positivos rodeados de electrones deslocalizados.

- Iónicas, formadas por iones positivos y negativos.

Para representar las sustancias, se utilizan fórmulas químicas, que expresan mediante los símbolos de los elementos y números en forma de subíndices la composición cualitativa y cuantitativa de una sustancia dada. Estas son:

- Fórmula empírica

   Indica la relación más sencilla en la que se encuentran los átomos de cada elemento que forman la sustancia. Está formada por la yuxtaposición

---

[5]Se da el nombre de núclido a cada especie nuclear, caracterizada por su número atómico Z y su número másico, A.

[6]Cuando se trata de una sustancia formada por iones ($MgCl_2$, NaOH) o por una agregación de átomos que no forman moléculas (SiC, S_iO_2), se habla de unidad fórmula, que es la agrupación más pequeña de átomos a partir de la que se puede reproducir la fórmula de una sustancia.

1.3. LAS SUSTANCIAS Y SUS FÓRMULAS

de los símbolos de los elementos con los subíndices enteros adecuados. Se llama fórmula empírica porque se puede conocer mediante un análisis de composición centesimal.

Así, la fórmula empírica del peróxido de hidrógeno, H_2O_2, es HO, que indica que en esa sustancia hay un átomo de hidrógeno por cada átomo de oxígeno.

De acuerdo con las normas de la IUPAC, cuando expresamos la fórmula empírica de una sustancia, el orden de los símbolos de los elementos, con los subíndices si los tuviere, es el alfabético; excepto en las que contienen carbono, donde C y H se muestran, respectivamente, en primer y segundo lugar. Así, la fórmula empírica del hidrogenocarbonato de potasio ($KHCO_3$) es $CHKO_3$.

- Fórmula molecular

    Indica el número de átomos de cada elemento que compone la molécula.

    Las sustancias covalentes moleculares (H_2, SO_3, H_2O, H_2O_2, N_2O_4, etc.) las representamos mediante fórmulas moleculares.

    Así, la fórmula del peróxido de hidrógeno, H_2O_2, indica que una molécula de esa sustancia está formada por dos átomos de hidrógeno y dos átomos de oxígeno.

    Las fórmulas moleculares no las podemos simplificar, pues entonces no indicarían la composición de la molécula.

    Ejemplos:

Fórmula molecular	Fórmula empírica
P_4	P
Hg_2Cl_2	ClHg
N_2O_4	NO_2
P_4H_{10}	H_5P_2
HCN	CHN
H_2CO_3	CH_2O_3

- Fórmula estructural en línea

    Es aquella en la que los símbolos de los elementos los representamos en una línea sin utilizar guiones que muestren las uniones entre los átomos. En las más simples no se utilizan nada más que los símbolos de los elementos en el orden en el que están unidos. Un ejemplo sencillo es la fórmula estructural en línea del peróxido de hidrógeno, H_2O_2, que es: HOOH. Esta fórmula nos muestra solo el orden de los átomos en la estructura. En las demás se utilizan símbolos de inclusión (paréntesis, corchetes, llaves, etc.) para separar grupos de átomos, con este orden: ( ), [( )], [({ })] ... Ejemplos de estas son las fórmulas estructurales del fosfato de calcio, $Ca_3(PO_4)_2$, y del ácido nítrico, $[NO_2(OH)]$.

- Fórmula estructural desarrollada

    Es aquella en la que las uniones entre los átomos las representamos mediante guiones y muestran una información mayor (o completa) de la estructura de la sustancia. La completa muestra la distribución espacial de los átomos.

    Las fórmulas estructurales siguientes nos dan una información completa de las moléculas que representan (ambas moléculas son planas y muestran los ángulos de enlace que hay en la realidad en las moléculas).

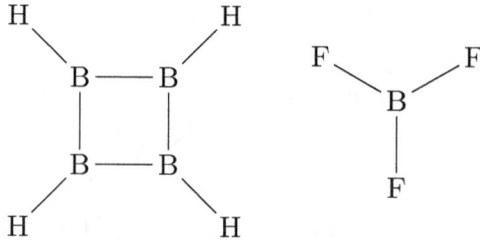

Figura 1.1: ciclotetraborano y trifluoruro de boro

- Fórmulas de los compuestos de adición

    Los compuestos de adición están formados por dos o más constituyentes que se encuentran en una proporción definida. Se trata de sustancias, no de mezclas de ellas. Los constituyentes pueden ser moléculas u otro tipo de entidades y las proporciones de los mismos en su fórmula se indican mediante números arábigos que preceden a la fórmula de los constituyentes y estas se separan por un punto central. Ejemplos: $Na_2CO_3 \cdot 10H_2O$ y $BF_3 \cdot 2H_2O$.

Ejercicio 1.4

Complete la siguiente tabla:

Fórmula molecular	Fórmula empírica
S_8	
SF_6	
S_2Cl_2	
$H_4P_2O_6$	
B_4H_4	

Respuesta:

Fórmula molecular	Fórmula empírica
S_8	S
SF_6	F_6S
S_2Cl_2	ClS
$H_4P_2O_6$	H_2O_3P
B_4H_4	BH

⚠ **Recuerde:**
En las fórmulas moleculares no se pueden simplificar los subíndices.

$$N_2O_4 \to \cancel{NO_2}; \quad S_2Cl_2 \to \cancel{SCl} \quad B_2H_6 \to \cancel{BH_3}$$

1.4. La secuencia de los elementos

Cuando se toma la electronegatividad para establecer qué elemento va antes y cuál después en una fórmula o en una parte de ella, debemos tener en cuenta la Tabla IV en la que figuran los elementos ordenados según su electronegatividad convencional, que disminuye de derecha a izquierda siguiendo la flecha.[7] La tabla consta de todos los elementos ordenados como están en la tabla periódica, de la cual se han sacado los gases nobles y donde el hidrógeno se sitúa entre los grupos 15 y 16. De acuerdo con esta secuencia de los elementos, por ejemplo, en una fórmula de un compuesto binario se sitúa a la izquierda el elemento menos electronegativo. Así, el amoniaco es NH_3 y el agua es H_2O. Una consecuencia de esta ordenación es que ahora todas las combinaciones del oxígeno con los halógenos son haluros de oxígeno y ninguna se nombra como óxido.

▲ **Ejercicio 1.5**
De acuerdo con Tabla IV, en la que figuran los elementos ordenados según su electronegatividad convencional, señale si el orden de los elementos en un compuesto binario es correcto o incorrecto para las siguientes combinaciones de elementos: a) HLi; b) AsH; c) ClI; d) CaS; e) OBr; f) CSi.

---

[7]La electronegatividad de un átomo de un elemento es la capacidad que tiene para atraer hacia sí los electrones de un enlace. La electronegatividad aumenta de izquierda a derecha en un período y disminuye de arriba abajo en un grupo en la tabla periódica. Así, de acuerdo con la escala de Linus Pauling, el elemento más electronegativo es el flúor, con una electronegatividad de 4, y el menos electronegativo, el cesio, con una electronegatividad de 0,7.

Respuesta:

a) HLi: Incorrecto; b) AsH: Correcto; c) ClI: Incorrecto; d) CaS: Correcto; e) OBr: Correcto; f) CSi: Incorrecto.

Tabla IV. *Secuencia de las electronegatividades convencionales de los elementos*

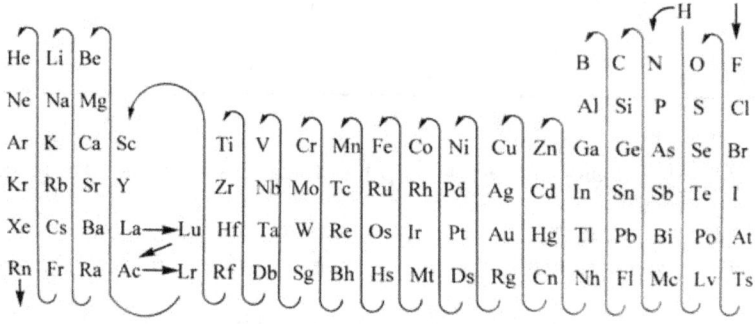

Recuerde:

En las fórmulas de los compuestos binarios los elementos están ordenados por sus electronegatividades convencionales, de acuerdo con la Tabla IV.

1.5. Número de oxidación y número de carga

1.5.1. Número de oxidación

El estado de oxidación de un átomo en una especie química es un concepto teórico que ayuda a la formulación de las sustancias. Está caracterizado por el número de oxidación, que es el número de electrones que el átomo pierde o gana realmente (caso de los compuestos iónicos) o se le asigna (caso de los compuestos covalentes) cuando forma el compuesto. En este último caso, la carga eléctrica negativa se le asigna al átomo del elemento más electronegativo. Hay dos notaciones distintas, mediante números arábigos con su signo delante y mediante números romanos sin signo, salvo si es negativo. Así, por ejemplo:

- El cloruro de sodio, NaCl, es un compuesto iónico, en el que existe una transferencia total de un electrón desde un átomo de sodio a otro de cloro, mucho más electronegativo. El número de oxidación del cloro es -1 y el del sodio, $+1$.

1.5. NÚMERO DE OXIDACIÓN Y NÚMERO DE CARGA

- El cloruro de hidrógeno, HCl, es un compuesto covalente polar, en el que existe una transferencia parcial de electrones desde un átomo de hidrógeno a otro de cloro, más electronegativo. Los dos electrones del enlace se le asignan al átomo de cloro, con lo que su número de oxidación en este compuesto es -1 y el número de oxidación del hidrógeno, $+1$.

$$H-\ddot{\underset{..}{Cl}}:$$

Para asignar los números de oxidación, se emplea un conjunto de reglas sencillas, que podemos resumir del siguiente modo:[8]

1. El n.o. de un átomo en una sustancia simple es cero (ejemplos: los n.o. de los átomos de los elementos respectivos en las sustancias Ca, N_2, P_4, O_3, O_2 y O es cero).

2. La suma algebraica de los n.o. de los átomos en una especie neutra (molécula o unidad fórmula) es cero (ejemplos: la suma algebraica de los números de oxidación de los átomos en el P_4, H_2O y $CaSO_4$ es cero) y si se trata de un ion, la suma algebraica de los números de oxidación de todos los átomos coincide con la carga del ion (ejemplos: la suma algebraica de los números de oxidación en el NH_4^+ y $Cr_2O_7^{2-}$ es $+1$ y -2, respectivamente).

3. El n.o. de los metales alcalinos y de los alcalinotérreos en sus compuestos es siempre $+1$ y $+2$, respectivamente (ejemplos: el n.o. del potasio en el KNO_3 y el del calcio en el $CaCl_2$ es $+1$ y $+2$, respectivamente).

4. El número de oxidación del flúor en sus compuestos es -1 (ejemplo: el número de oxidación del flúor en el OF_2 es -1).

5. El n.o. del hidrógeno en sus compuestos es $+1$, excepto en los hidruros iónicos y metálicos donde es -1 (ejemplos: el n.o. de oxidación del hidrógeno en el H_3PO_4 y en el LiH es $+1$ y -1, respectivamente).

6. El n.o. del oxígeno en sus compuestos es -2, excepto en los peróxidos donde es -1, y en los superóxidos donde es $-1/2$ (ejemplos: el n.o. de oxidación del oxígeno en el Na_2O —óxido de sodio— y en el Na_2O_2 —peróxido de sodio— es -2 y -1, respectivamente) o cuando se combina con el flúor.

7. En la combinaciones de los elementos de los grupos 17, 16 y 15 con los metales, su n.o. es -1, -2 o -3, respectivamente (ejemplos: el n.o. de

---

[8] En el caso de que dos reglas parezcan contradecirse, debe seguirse la regla que aparece primero en la lista.

oxidación del bromo en el CaBr$_2$, el del azufre en el CaS y el del nitrógeno en el Ca$_3$N$_2$ es −1, −2 y −3, respectivamente).

El número de oxidación de ciertos elementos puede figurar:

- En los nombres expresados mediante la nomenclatura de composición con números romanos escritos en letra de tipo versalita.[9] Se escribe entre paréntesis inmediatamente después del nombre (modificado si fuera necesario con la terminación '-ato') del elemento al que se refiere. El número de oxidación puede ser negativo, positivo o cero (representado por el número 0). Como dijimos anteriormente, no se pone delante el signo (+) si el número de oxidación es positivo, y sí se pone el signo (−) si es negativo.

Au(OH)$_3$	hidróxido de oro(III)
K[Mn(CO)$_5$]	pentacarbonilmanganato(-I) de potasio
[Ni(CO)$_4$]	tetracarbonilníquel(0)

- En las fórmulas, como superíndices a la derecha del elemento, Fe^{II}OFe$_2^{III}$O$_3$, o en cálculos auxiliares de distintinta índole, como vemos más abajo.

El número de oxidación de un elemento es, generalmente, un número entero, pero puede ser también un número fraccionario. En el Fe$_3$O$_4$, puesto que el n.o. del oxígeno es −2, el número de oxidación del hierro es:

$$\overset{3x\ \ 4(-2)}{\text{Fe}_3\text{O}_4}$$

$$3x + 4(-2) = 0 \Rightarrow x = \frac{8}{3}$$

Este número de oxidación es en realidad un valor promedio de los números de oxidación de los átomos de hierro en el compuesto. Los números de oxidación fraccionarios no se usan en nomenclatura.

A veces no nos interesa determinar el valor promedio de los números de oxidación de los átomos de un elemento en un compuesto porque nos interesa saber concretamente el número de oxidación de cada uno por separado. Es el caso, por ejemplo, del NH$_4$NO$_2$. Para determinar el número de oxidación de cada nitrógeno, separamos la unidad fórmula en sus iones NH$_4^+$ y NO$_2^-$, deduciéndose fácilmente que los números de oxidación del primer y segundo átomo de nitrógeno son −3 y +3, respectivamente.

---

[9]Según la Real Academia Española (RAE), los números romanos se escriben en letra tipo versalita (letra de figura mayúscula, pero del mismo tamaño que las minúsculas) cuando figuren detrás de sustantivos: siglo v.

1.5. NÚMERO DE OXIDACIÓN Y NÚMERO DE CARGA

 Ejercicio 1.6

Deduzca el número de oxidación del:

a) Azufre en el ácido sulfúrico, H_2SO_4.

b) Cloro en el ion clorato, ClO_3^-.

 Respuesta:

a) El número de oxidación del azufre en el ácido sulfúrico, H_2SO_4, es $+6$, porque la suma algebraica de los números de oxidación de los átomos en la molécula es cero (regla 2), el número de oxidación del hidrógeno es $+1$ (regla 5) y el número de oxidación del oxígeno es -2 (regla 6):

$$\overset{2(+1)\ \ x\ \ 4(-2)}{H_2\ \ SO_4}$$

$$2(+1) + x + 4(-2) = 0 \Rightarrow x = +6$$

b) El número de oxidación del cloro en el ion clorato, ClO_3^-, es $+5$, porque la suma algebraica de los números de oxidación de los átomos en el ion es -1 (regla 2) y el número de oxidación del oxígeno es -2 (regla 6):

$$\overset{x\ \ 3(-2)}{ClO_3^-}$$

$$x + 3(-2) = -1 \Rightarrow x = +5$$

 Ejercicio 1.7

Deduzca el número de oxidación del elemento subrayado en cada una de las siguientes especies químicas: a) $\underline{Ca}H_2$; b) $\underline{S}_8$; c) $Na_2\underline{O}_2$; d) $\underline{Cr}_2O_7^{2-}$; e) $\underline{Fe}Cl_2$; f) $\underline{Hg}_2^{2+}$.

 Respuesta:

a) CaH_2 es la fórmula del hidruro de calcio. Como el calcio es un elemento alcalinotérreo, el número de oxidación del Ca es $+2$ (regla 3).

b) S_8 es la fórmula del octaazufre. Al ser una sustancia simple, el número de oxidación del azufre es 0 (regla 1).

28   CAPÍTULO 1. ASPECTOS BÁSICOS PARA LA NOMENCLATURA

c) Na_2O_2 es la fórmula del peróxido de sodio. Como la suma algebraica de los números de oxidación de los átomos de la unidad fórmula es cero (regla 2) y el número de oxidación del sodio en todos los compuestos es +1 (regla 3), el número de oxidación del oxígeno es −1.

$$2(+1) + 2x = 0 \Rightarrow x = -1$$

d) $Cr_2O_7^{2-}$ es la fórmula del ion dicromato. Como la suma algebraica de los números de oxidación de los átomos del ion es −2 (regla 2) y el número de oxidación del oxígeno en esta especie química es −2 (regla 6), el número de oxidación del cromo es +6:

$$2x + 7(-2) = -2 \Rightarrow x = +6$$

e) $FeCl_2$ es la fórmula del cloruro de hierro(II). Como la suma algebraica de los números de oxidación de los átomos de la unidad fórmula es cero (regla 2) y el número de oxidación del cloro en los haluros es −1 (regla 7), el número de oxidación del hierro es +2:

$$x + 2(-1) = 0 \Rightarrow x = +2$$

f) Hg_2^{2+} es la fórmula del ion dimercurio(2+). Como la suma algebraica de los números de oxidación de los átomos del ion es +2 (regla 2), el número de oxidación del mercurio es +1:

$$2x = 2 \Rightarrow x = +1$$

Ejercicio 1.8
Deduzca el número de oxidación del elemento subrayado en cada una de las siguientes especies químicas: a) $Na_2\underline{S}_2O_5$; b) $\underline{N}H_3$; c) $\underline{S}F_4$; d) $Ca(\underline{N}O_2)_2$; e) $H\underline{Cl}O_4$ f) $\underline{Mn}O_4^{2-}$; g) $[Co Cl_4(NH_3)_2]^-$.

Respuesta:

a) $Na_2\underline{S}_2O_5$ es el nombre del disulfito de sodio. Como la suma algebraica de los números de oxidación de los átomos de la unidad fórmula es cero (regla 2), el número de oxidación del sodio es +1 (regla 3) y el número de oxidación del oxígeno es −2 (regla 6), el número de oxidación del azufre es +4:

$$\overset{2(+1)\;2x\;5(-2)}{Na_2\;S_2O_5}$$

1.5. NÚMERO DE OXIDACIÓN Y NÚMERO DE CARGA

$$2(+1) + 2x + 5(-2) = 0 \Rightarrow x = +4$$

b) NH$_3$ es la fórmula del amoniaco. Como la suma algebraica de los números de oxidación de los átomos de la molécula es cero (regla 2) y el número de oxidación del hidrógeno es +1 (regla 5), el número de oxidación del nitrógeno es −3:

$$x + 3(+1) = 0 \Rightarrow x = -3$$

c) SF$_4$ es la fórmula del tetrafluoruro de azufre. Como la suma algebraica de los números de oxidación de los átomos de la molécula es cero (regla 2) y el número de oxidación del flúor en todos los compuestos es −1 (regla 4), el número de oxidación del azufre es +4.

$$x + 4(-1) = 0 \Rightarrow x = +4$$

d) Ca(NO$_2$)$_2$ es la fórmula del nitrito de calcio. Como la suma algebraica de los números de oxidación de los átomos de la unidad fórmula es cero (regla 2), el número de oxidación del calcio es +2 (regla 3) y el número de oxidación del oxígeno es −2 (regla 6), el número de oxidación del nitrógeno es +3:

$$+2 + 2[x + 2(-2)] = 0; \Rightarrow 2 + 2x - 8 = 0 \Rightarrow x = +3$$

e) HClO$_4$ es la fórmula del ácido perclórico. Como la suma algebraica de los números de oxidación de los átomos de molécula es cero (regla 2), el número de oxidación del hidrógeno es +1 (regla 5) y el número de oxidación del oxígeno es −2 (regla 6), el número de oxidación del cloro es +7:

$$\overset{1(+1) \ \ x \ \ 4(-2)}{\text{HClO}_4}$$

$$1(+1) + x + 4(-2) = 0 \Rightarrow x = +7$$

f) MnO$_4^{2-}$ es la fórmula del ion tetraoxidomanganato(2−). Como la suma algebraica de los números de oxidación de los átomos del ion es −2 (regla 2), el número de oxidación del manganeso es +6:

$$\overset{x \ \ 4(-2)}{\text{MnO}_4^{2-}}$$

$$x + 4(-2) = -2 \Rightarrow x = +6$$

g) [CoCl$_4$(NH$_3$)$_2$]$^-$ es la fórmula del ion diamminotetraclorurocobaltato(1−). Como la suma algebraica de los números de oxidación de los átomos del ion es -1 (regla 2) y los cuatro ligandos cloruro tienen una carga total de $4-$ y los dos ligandos ammino no tienen carga, el número de oxidación del cobalto es $+3$:

$$x + 4(-1) = -1 \Rightarrow x = +3$$

Ejercicio 1.9
Ordene las siguientes especies químicas por el número de oxidación del nitrógeno, de menor a mayor: NO, N_2, NH_2OH, NO_2^-, N_2O_4, NH_4^+, N_2H_4, N_2O y NO_3^-.

Respuesta:

Para ello, tenemos en cuenta que el N_2, por ser una sustancia simple, el número de oxidación del nitrógeno es 0 y que los números de oxidación del hidrógeno y del oxígeno que contienen las demás especies químicas son $+1$ y -2, respectivamente. A partir de estos dos últimos datos, deducimos los números de oxidación del nitrógeno en las demás especies, teniendo en cuenta que en las moléculas (NO, N_2, NH_2OH, N_2O_4, N_2H_4 y N_2O) la suma algebraica de los números de oxidación de los átomos es cero y que en los iones (NH_4^+, NO_2^- y NO_3^-) la suma algebraica de los números de oxidación coincide con la carga del ion.

La tabla siguiente muestra ordenados, de menor a mayor, los números de oxidación del nitrógeno en las distintas especies químicas:

Especie	NH_4^+	N_2H_4	NH_2OH	N_2	N_2O	NO	NO_2^-	N_2O_4	NO_3^-
n.o.	-3	-2	-1	0	$+1$	$+2$	$+3$	$+4$	$+5$

Tabla de los estados de oxidación

En la Tabla V figuran los estados de oxidación de la mayoría de los elementos de la tabla periódica, que están representados mediante los números de oxidación. El número de oxidación 0 lo tienen todos los elementos cuando sus átomos forman sustancias simples y no aparece. Observamos en ella la periodicidad de los números de oxidación, pues es una de las propiedades periódicas de los elementos.

No tiene sentido memorizar todos y cada uno de los números de oxidación: no tiene utilidad. Por supuesto que sí hay que aprenderse la tabla periódica (el grupo en el que está cada uno de los elementos representativos, el nombre y símbolo de

1.5. NÚMERO DE OXIDACIÓN Y NÚMERO DE CARGA

todos lo elementos) y memorizar o razonar los números de oxidación que sí nos hacen falta para la nomenclatura, como son:

- Los números de oxidación positivos que presentan ciertos metales y los negativos de no metales en compuestos constituidos por iones.

  Para ello tenemos en cuenta que cada período comienza con un elemento alcalino (grupo 1) con número de oxidación +1 y termina con un halógeno (grupo 17) con número de oxidación -1.

Grupo	1	2	13	14	15	16	17
n.o.	+1	+2	+3	-4	-3	-2	-1

  De esta manera podemos formular y nombrar todos los compuestos binarios iónicos con los cationes de los grupos 1 y 2, y con algunos del grupo 3.

- Los números de oxidación positivos únicos que presentan algunos elementos del resto de los metales. Memorizaremos, principalmente, que la plata tiene número de oxidación +1, que el zinc y el cadmio tienen número de oxidación +2. También podemos memorizar el número de oxidación de otros tres o cuatro elementos, pero apenas aparecen en los ejercicios.

- Los números de oxidación positivos de no metales, que serán útiles para la formulación de oxoácidos y oxosales. En principio, memorizaremos que el último dígito del número del grupo nos dice el número de oxidación más alto que tienen los elementos de ese grupo. Así, por ejemplo, los elementos del grupo 14, tienen como número de oxidación más alto +4; los del 15, +5, etc.

1.5.2. Número de carga

Para completar la descripción de un compuesto, se utiliza también en muchas ocasiones el número de carga Ewens-Bassett, que hace referencia a la carga iónica del elemento en el compuesto (también se emplea el número de carga para la nomenclatura de iones). En la nomenclatura se prefiere el número de carga, porque la determinación del número de oxidación puede ser ambigua y subjetiva en ciertas ocasiones. Por tanto, es aconsejable usar los números de oxidación solamente cuando no haya incertidumbre en su asignación.

El número de carga se escribe con números arábigos, precediendo el número, aunque sea 1, al signo de la carga y encerrados entre paréntesis. Todo ello a continuación, y sin espacio, del nombre del elemento, que incluye la terminación '-ato' si procede. El número de carga no se pone si la especie es neutra.

Tabla V. Tabla de los estados de oxidación de los elementos

	1	2	3	4	5	6	7	8	9	10	11	12	13	14	15	16	17	18
1	±1 H																	He
2	+1 Li	+2 Be											+3 B	+2 ±4 C	+1,+2 ±3 +4,+5 N	-2 O	-1 F	Ne
3	+1 Na	+2 Mg											+3 Al	+2 +4 Si	±3 +5 P	±2 +4 +6 S	±1 +3 +5 +7 Cl	Ar
4	+1 K	+2 Ca	+3 Sc	+3 +4 Ti	+2 +3 +4 +5 V	+2 +3 +6 Cr	+2 +3 +4 +6 +7 Mn	+2 +3 Fe	+2 +3 Co	+2 +3 Ni	+2 +1 Cu	+2 Zn	+3 Ga	+2 +4 Ge	±3 +5 As	-2 +4 +6 Se	±1 +5 Br	Kr
5	+1 Rb	+2 Sr	+3 Y	+4 Zr	+3 +5 Nb	+2 +3 +4 +5 +6 Mo	+7 +5 +4 Tc	+2 +3 +4 +6 +8 Ru	+2 +3 +4 Rh	+2 +4 Pd	+1 Ag	+2 Cd	+3 In	+2 +4 Sn	+3 +5 Sb	-2 +4 +6 Te	±1 +5 +7 I	Xe
6	+1 Cs	+2 Ba	Lantánidos 57-71	+4 Hf	+5 Ta	+2 +3 +4 +5 +6 W	+2 +4 +6 +7 Re	+2 +3 +4 +6 +8 Os	+2 +3 +4 +6 Ir	+2 +4 Pt	+1 +3 Au	+1 +2 Hg	+1 +3 Tl	+2 +4 Pb	+3 +5 Bi	+2 +4 Po	±1 +3 +5 +7 At	Rn
7	+1 Fr	+2 Ra	Actínidos 89-103	Rf	Db	Sg	Bh	Hs	Mt	Ds	Rg	Cn	Nh	Fl	Mc	Lv	Ts	Og
8	Uue	Ubn																

Lantánidos

+3 La	+3 +4 Ce	+3 +4 Pr	+3 Nd	+3 Pm	+2 +3 Sm	+2 +3 Eu	+2 +3 Gd	+3 +4 Tb	+3 Dy	+3 Ho	+3 Er	+3 Tm	+2 +3 Yb	+3 Lu

Actínidos

+3 Ac	+4 Th	+4 +5 Pa	+3 +4 +5 +6 U	+3 +4 +5 +6 Np	+3 +4 +5 +6 Pu	+3 +4 +5 +6 Am	+3 Cm	+3 +4 Bk	+3 Cf	+3 Es	+3 Fm	+2 +3 Md	+2 +3 No	+3 Lr

Capítulo 2

Sustancias simples e iones homoatómicos

2.1. Sustancias simples de elementos no metales

Se formulan poniendo un subíndice a la derecha del símbolo del elemento y se nombran utilizando el prefijo multiplicador pertinente (Tabla VI). Para algunas sustancias se admite el nombre vulgar.

El prefijo 'mono-' no se usa si el elemento se encuentra habitualmente en forma monoatómica, como es el caso de los gases nobles. Por otro lado, si el número de átomos del elemento es grande y desconocido, se puede usar el prefijo 'poli-'. Cuando sea necesario se puede añadir al nombre información adicional mediante la utilización de prefijos como en el caso del S_8 que, al presentar una estructura cíclica, se le puede añadir el prefijo 'ciclo-', y su nombre sería *ciclo*−octaazufre. Se acepta el nombre vulgar de ozono para O_3. A pesar de la utilización bastante extendida de los nombres hidrógeno, oxígeno, nitrógeno, flúor, cloro, bromo y yodo para las sustancias H_2, O_2, N_2, F_2, Cl_2, Br_2 y I_2, la IUPAC recomienda emplear para ellos los nombres sistemáticos, a excepción de oxígeno para dioxígeno. Los nombres vulgares aceptados se muestran después de un punto y coma.

H	monohidrógeno	N_2	dinitrógeno
H_2	dihidrógeno	I	monoyodo
O	monooxígeno	I_3	triyodo
O_2	dioxígeno; oxígeno	Cl_2	dicloro
O_3	trioxígeno; ozono	P_4	tetrafósforo; fósforo blanco
Ar	argón	S_n	poliazufre; μ − azufre, azufre plástico

2.2. Sustancias simples de los elementos metales y semimetales

Se formulan utilizando el símbolo de los elementos, aunque formen redes cristalinas con un gran número de átomos. Se nombran con el nombre del elemento. Ejemplos: K, potasio; Sc, escandio; Hg, mercurio; Pb, plomo; Pt, platino.

Tabla VI. *Prefijos multiplicadores*

1 mono	11 undeca	21 henicosa	60 hexaconta
2 di (bis)	12 dodeca	22 docosa	70 heptaconta
3 tri (tris)	13 trideca	23 tricosa	80 octaconta
4 tetra (tetrakis)	14 tetradeca	30 triaconta	90 nonaconta
5 penta (pentakis)	15 pentadeca	31 hentriaconta	100 hecta
6 hexa (hexakis)	16 hexadeca	35 pentatriaconta	200 dicta
7 hepta (heptakis)	17 heptadeca	40 tetraconta	500 pentacta
8 octa (octakis)	18 octadeca	48 octatetraconta	1000 kilia
9 nona (nonakis)	19 nonadeca	50 pentaconta	2000 dilia
10 deca (decakis)	20 icosa	52 dopentaconta	5000 pentalia

Usted debe saber que:
Para elementos no metálicos las fórmulas S, C, P, etc., pueden representar a las sustancias monoazufre, monocarbono, monofósforo, etc., o bien a la sustancia en general cuya fórmula se desconoce o es una mezcla de alótropos.

Ejercicio 2.1

Complete la siguiente tabla:

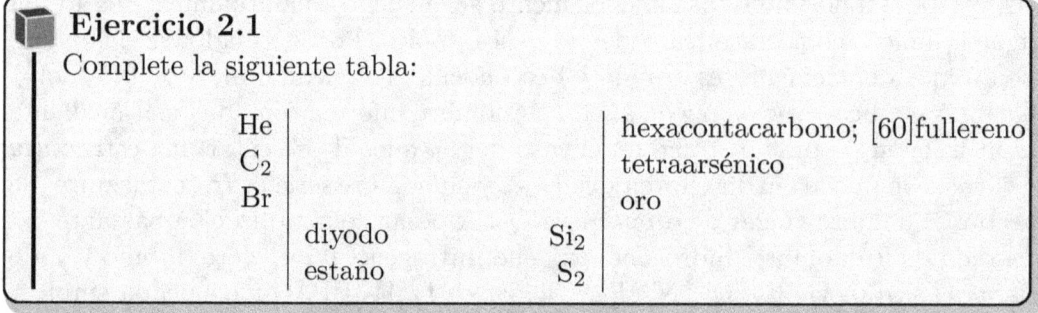

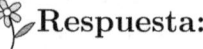**Respuesta:**

He	helio	C_{60}	hexacontacarbono; [60]fullereno
C_2	dicarbono	As_4	tetraarsénico
Br	monobromo	Au	oro
I_2	diyodo	Si_2	disilicio
Sn	estaño	S_2	diazufre

2.3. Iones homoatómicos

Los iones son especies químicas cargadas (los cationes, con carga positiva, y los aniones, con carga negativa). Pueden ser homoatómicos, constituidos por átomos de un mismo elemento, o heteropoliatómicos, constituidos por átomos de distintos elementos.

La fórmula de los iones homoatómicos se representa mediante el símbolo del elemento con un subíndice cuando corresponda y un superíndice con un número y el signo de la carga (si es uno no se pone). La carga de los iones son cargas reales y se cumple siempre que la suma algebraica de los números de oxidación de los átomos que lo forman coincide con la carga.

2.3.1. Iones monoatómicos

Cationes monoatómicos

Los cationes monoatómicos se nombran utilizando el número de carga. Se escribe el nombre del elemento y a continuación, sin espacio en blanco, el número de carga entre paréntesis. Se admite el nombre tradicional de hidrón para H^+.

Fórmula	Con el nº de carga	Nombre vulgar
Na^+	sodio(1+)	
Ca^{2+}	calcio(2+)	
Cu^+	cobre(1+)	
Cu^{2+}	cobre(2+)	
Fe^{2+}	hierro(2+)	
Fe^{3+}	hierro(3+)	
H^+	hidrógeno(1+)	hidrón

Es interesante conocer los nombres de los cationes producidos cuando los isótopos del hidrógeno pierden su único electrón:

Fórmula	Con el nº de carga	Nombre vulgar
$^1H^+$	protio(1+)	protón
$^2H^+ = D^+$	deuterio(1+)	deuterón
$^3H^+ = T^+$	tritio(1+)	tritón

36   CAPÍTULO 2. SUSTANCIAS SIMPLES E IONES HOMOATÓMICOS

Aniones monoatómicos

Los aniones monoatómicos se nombran, o bien reemplazando la terminación del nombre del elemento ('-eso', '-ico', '-io', '-o', '-ógeno') por '-uro' o añadiendo la termiación '-uro' al nombre del elemento (el del xenón, xenonuro), seguido del número de carga correspondiente. La IUPAC admite nombres vulgares, que se usan sin el número de carga. Una excepción importante es el nombre del anión con dos cargas correspondiente al oxígeno que recibe el nombre de 'óxido'.

Hay otras excepciones como la del ion correspondiente al germanio, que en vez de llamarse germanuro se llama germuro; la de aquellos otros aniones en las que se reemplaza la terminación '-um' o '-ium' del nombre latino por '-uro' (el de la plata, argenturo, del término 'argentum'; el del oro, aururo, del término 'aurum'; el del estaño, estannuro, del término 'stannum'; el del cobre, cupruro, del término 'cuprum', etc.); o la del ion correspondiente al azufre, sulfuro, que se construye a partir del nombre en latín del azufre 'sulphur'.

Fórmula	Con el n° de carga	Nombre vulgar
H^-	hidruro(1−)	hidruro
$^2H^- = D^-$	(no tiene)	deuteruro
O^{2-}	óxido(2−)	óxido
S^{2-}	sulfuro(2−)	sulfuro
Br^-	bromuro(1−)	bromuro
N^{3-}	nitruro(3−)	nitruro
C^{4-}	carburo(4−)	carburo

📘 Ejercicio 2.2

Complete la siguiente tabla:

Fórmula	Con el n° de carga	Nombre vulgar	Fórmula	Con el n° de carga	Nombre vulgar
Mg^{2+}			Cl^-		
Au^+			B^{3-}		
Au^{3+}			B^-		
Ge^{3+}					telururo
	carbono(1+)				arsenuro
	paladio(4+)		C^-		
	berilio(2+)				trituro
	berilio(1+)		Na^-		

2.3. IONES HOMOATÓMICOS

Respuesta:

Fórmula	Con el n° de carga	Nombre vulgar	Fórmula	Con el n° de carga	Nombre vulgar
Mg^{2+}	magnesio(2+)	(no tiene)	Cl^-	cloruro(1−)	cloruro
Au^+	oro(1+)	(no tiene)	B^{3-}	boruro(3−)	boruro
Au^{3+}	oro(3+)	(no tiene)	B^-	boruro(1−)	(no tiene)
Ge^{3+}	germanio(3+)	(no tiene)	Te^{2-}	telururo(2−)	telururo
C^+	carbono(1+)	(no tiene)	As^{3-}	arsenuro(3−)	arsenuro
Pd^{4+}	paladio(4+)	(no tiene)	C^-	carburo(1−)	(no tiene)
Be^{2+}	berilio(2+)	(no tiene)	$^3H^- = T^-$	(no tiene)	trituro
Be^+	berilio(1+)	(no tiene)	Na^-	soduro(1−)	soduro

Usted se pregunta:

¿Qué diferencia existe entre los términos protón e hidrón?

- El término protón hace referencia al ion resultante de la pérdida de un electrón por parte de un átomo de protio isotópicamente puro, mientras que el término hidrón hace referencia a la pérdida de un electrón de un átomo de una mezcla isotópica natural indiferenciada de monohidrógeno.[a]

---
[a]Una diferencia análoga hay también entre los términos proturo e hidruro.

2.3.2. Iones homopoliatómicos

Cationes homopoliatómicos

Los cationes homopoliatómicos se nombran añadiendo el número de carga al nombre de la sustancia neutra nombrada con el prefijo multiplicador que le corresponda.

Fórmula	Con el número de carga
O_2^+	dioxígeno(1+)
Hg_2^{2+}	dimercurio(2+)
Ar_2^+	diargón(1+)
S_8^{2+}	octaazufre(2+)
N_5^+	pentanitrógeno(1+)
S_2^{4+}	diazufre(4+)
He_2^{2+}	dihelio(2+)
S_4^{2+}	tetraazufre(2+)

Aniones homopoliatómicos

Los aniones homopoliatómicos se nombran añadiendo el número de carga al nombre modificado del elemento con el prefijo multiplicador que le corresponda.

En algunos casos se aceptan nombres vulgares.

Fórmula	Con el número de carga	Nombre vulgar
O_2^-	dióxido(1−)	superóxido
O_2^{2-}	dióxido(2−)	peróxido
O_3^-	trióxido(1−)	ozónido
C_2^-	dicarburo(1−)	
C_2^{2-}	dicarburo(2−)	acetiluro
N_3^-	trinitruro(1−)	azida
Br_3^-	tribromuro(1−)	tribromuro
I_3^-	triyoduro(1−)	triyoduro
N_2^{4-}	dinitruro(4−)	hidrazinatetrauro

Ejercicio 2.3
Complete la siguiente tabla:

Fórmula	Nombre	Fórmula	Nombre
S_4^{2-}			dioxígeno(2+)
	nonaplumburo(4−)	S_4^{2+}	
Al_4^{2-}			dinitrógeno(2+)
	dinitruro(2−)	Bi_5^{4+}	
Si_2^-			trihidrógeno(1+)
	pentaestannuro(2−)	C_2^+	

Respuesta:

Fórmula	Nombre	Fórmula	Nombre
S_4^{2-}	tetrasulfuro(2−)	O_2^{2+}	dioxígeno(2+)
Pb_9^{4-}	nonaplumburo(4−)	S_4^{2+}	tetraazufre(2+)
Al_4^{2-}	tetraaluminuro(2−)	N_2^{2+}	dinitrógeno(2+)
N_2^{2-}	dinitruro(2−)	Bi_5^{4+}	pentabismuto(4+)
Si_2^-	disiliciuro(1−)	H_3^+	trihidrógeno(1+)
Sn_5^{2-}	pentaestannuro(2−)	C_2^+	dicarbono(1+)

2.3. IONES HOMOATÓMICOS

> **Ejercicio 2.4**
> Complete la siguiente tabla:
>
> | Nº | Fórmula | Nombre |
> |---|---|---|
> | 1. | | neón |
> | 2. | | monoyodo |
> | 3. | | dibromo |
> | 4. | P_2 | |
> | 5. | S_5 | |
> | 6. | F^- | |
> | 7. | | cerio(3+) |
> | 8. | | cloro(1+) |
> | 9. | | astaturo |
> | 10. | Sb^{3-} | |
> | 11. | Al_2^- | |
> | 12. | | germuro |
> | 13. | | pentasulfuro(2−) |
> | 14. | Na_2^+ | |
> | 15. | He_2^+ | |

Respuesta:

Nº	Nombre	Fórmula
1.	Ne	neón
2.	I	monoyodo
3.	Br_2	dibromo
4.	P_2	difósforo
5.	S_5	pentaazufre
6.	F^-	fluoruro(1−); fluoruro
7.	Ce^{3+}	cerio(3+)
8.	Cl^+	cloro(1+)
9.	At^-	astaturo
10.	Sb^{3-}	antimonuro(3−); antimonuro
11.	Al_2^-	dialuminuro(1−)
12.	Ge_4^{4-}	germuro(4−)
13.	S_5^{2-}	pentasulfuro(2−)
14.	Na_2^+	disodio(1+)
15.	He_2^+	dihelio(1+)

Capítulo 3

Compuestos binarios

Como su propio nombre indica, estos compuestos están formados por dos elementos distintos. Para formularlos y nombrarlos en los distintos sistemas, hay que tener en cuenta la Tabla IV, en la que figuran los elementos ordenados según su electronegatividad convencional.

Para formular un compuesto binario, el elemento menos electronegativo se sitúa a la izquierda y el más electronegativo, a la derecha. El número de átomos de cada elemento se indica con un subíndice después de su símbolo. Cuando los constituyentes tienen cargas (iones), los cationes son las especies electropositivas y los aniones, las electronegativas. La fórmula del compuesto debe satisfacer para todas las clases de compuestos que la suma algebraica de los números de oxidación de los átomos sea cero; en el caso de compuestos formados por iones, podemos también deducir su fórmula teniendo en cuenta que la suma algebraica de la carga de los iones que lo forman es cero.

Los compuestos se nombran mediante las nomenclaturas de composición, adición y sustitución. Nosotros nos centraremos especialmente en la nomenclatura de composición, que puede ser de tres tipos, como ya hemos señalado anteriormente:

- Con prefijos multiplicadores

    Se nombra, en primer lugar, el elemento más electronegativo; para ello, se modifica el nombre del elemento añadiendo el sufijo '-uro' a la raíz del nombre (en el caso del azufre se añade a la raíz latina 'sulphur', nombrándose como sulfuro). Seguidamente, tras la palabra 'de', se nombra el elemento menos electronegativo sin modificar. Una excepción a la regla se produce cuando el oxígeno es el más electronegativo; en este caso, se nombra como 'óxido'.

Delante del nombre de cada elemento, sin espacios ni guiones, se utilizan los prefijos multiplicadores que indican el número de átomos de cada uno.

Los prefijos multiplicadores no son necesarios en los nombres binarios si no hay ambigüedad sobre la estequiometría del compuesto, como en los ejemplos siguientes, porque solo hay un fosfuro de sodio o un sulfuro de plata, pues tanto el sodio como la plata tienen un único estado de oxidación.

Na_3P	fosfuro de trisodio, fosfuro de sodio
Ag_2S	sulfuro de diplata, sulfuro de plata

Las vocales finales de los prefijos no se suprimen, con la única excepción del prefijo 'mono-' cuando precede a 'óxido', siendo en este caso válidos tanto los términos 'monóxido' como 'monoóxido'.

En general, el prefijo 'mono-' es redundante (si no se pone, está claro que se trata de uno); sin embargo, se usa a veces para enfatizar la estequiometría en un contexto en el que se hable de sustancias relacionadas. Por ejemplo, NO (monóxido de nitrógeno), NO_2 (dióxido de nitrógeno), N_2O (óxido de dinitrógeno), etc. Tampoco se suprime en algunas sustancias simples moleculares como se ha visto anteriormente. Así, H se nombra como monohidrógeno, sin suprimir el prefijo 'mono-', para distinguirlo de la especie H_2, dihidrógeno, que aún se le sigue nombrando como hidrógeno sin que esté aceptado hoy.

CO	mon(o)óxido de carbono, óxido de carbono
CO_2	dióxido de carbono

> **? Usted se pregunta:**
>
> ¿Por qué N_2O se nombra como óxido de dinitrógeno y no como monóxido de dinitrógeno? ¿No hay cierta ambigüedad al nombrar al CO como óxido de carbono?
>
> • El nombre de óxido de dinitrógeno ya indica suficientemente que se recurre a los prefijos y el 'mono-' en este caso no añade nada, por lo que podemos prescindir de él.
>
> • Sí, óxido de carbono no define exactamente un compuesto, ya que se conocen varios óxidos de carbono y debe llamarse monóxido de carbono.

- Expresando el número de oxidación con números romanos

Igual que antes, se nombra el elemento más electronegativo con el sufijo '-uro', pero sin prefijos multiplicadores; a continuación, tras la palabra 'de', se nombra el menos electronegativo, indicándose a continuación, entre paréntesis, el número de oxidación mediante números romanos, sin dejar un espacio en blanco tras el nombre del elemento. Cuando el elemento tiene un único número de oxidación, no se indica en el nombre del compuesto.

Fe_2O_3	óxido de hierro(III)
Na_2S	sulfuro de sodio

La IUPAC no recomienda el uso de los números de oxidación en el caso de que el compuesto contenga iones homopoliatómicos para evitar así ambigüedades, pues los números de oxidación se refieren a los átomos individuales de los elementos y, a diferencia de lo que ocurre en los iones monoatómicos, el número de oxidación del elemento en el ion no coincide con la carga del ion.

Como la determinación del número de oxidación es a veces ambigua y subjetiva, es preferible usar en esos casos el número de carga.

- Utilizando el número de carga (con números arábigos seguidos del signo)

En vez del número de oxidación, y para sustancias formadas por iones, se puede utilizar el número de carga para indicar las proporciones de los iones. En este caso, se coloca entre paréntesis el valor de la carga iónica en números arábigos seguido de su signo. El paréntesis se coloca inmediatamente después del nombre sin dejar un espacio en blanco. Cuando el elemento tiene un único número de oxidación, no se indica en el nombre del compuesto.

$CuCl_2$	cloruro de cobre(2+)
AgI	yoduro de plata

Un ejemplo en el que se prefiere la nomenclatura con el número de carga es el referido más arriba, el de un compuesto que contiene iones homopoliatómicos, como es el caso del Hg_2Br_2, bromuro de dimercurio(2+), para el que el nombre de bromuro de dimercurio(I) podría resultar confuso porque no coinciden el número de oxidación del mercurio y la carga del ion en el ion Hg_2^{2+}.

Existen algunos casos de compuestos formados por iones (lo vimos en la introducción) en los que es deseable que el nombre del compuesto no sea el nombre puramente estequiométrico, sino que lleve más información para indicar completamente la composición de la sustancia, ya que no sabemos si contiene varios iones monoatómicos o un ion homopoliatómico de un elemento. Es, por ejemplo, el caso del CaO_2. El nombre puramente estequiométrico es dióxido de calcio. El nombre de dióxido(2−) de calcio contiene más información porque explica que la unidad fórmula está formada por un ion O_2^{2-}, dióxido(2−), y no por dos iones O^{2-}, óxido(2−) u óxido.

Otros ejemplos:

K_2S_3 | trisulfuro de dipotasio, (trisulfuro) de dipotasio, trisulfuro(2−) de potasio

En este ejemplo, el primer nombre es puramente estequiométrico, mientras que los otros dos contienen más información al indicar que la unidad fórmula está formada por un ion homopoliatómico S_3^{2-}, trisulfuro(2−), y no por tres iones S^{2-}, sulfuro. En el último nombre, donde se especifica la carga del ion, el prefijo 'di-' para el 'potasio' no es necesario.

PtO_2 | dióxido de platino, (bis)óxido de platino, óxido de platino(IV)

En este otro ejemplo, el primer nombre es puramente estequiométrico, mientras que el segundo nombre contiene más información al indicar que contiene dos iones monoatómicos O^{2-}, óxido, y no un ion O_2^{2-}, dióxido(2−). En el último nombre se emplea el número de oxidación expresado en números romanos.

En estos tres últimos ejemplos el nombre puramente estequiométrico es suficiente porque son muy utilizados y se conoce bien qué tipo de sustancias son.

3.1. Combinaciones binarias del hidrógeno

Se da el nombre de hidruros a las combinaciones del hidrógeno con cualquier otro elemento. Clasificamos los hidruros en iónicos, metálicos y covalentes.

3.1.1. Hidruros iónicos

Son combinaciones del hidrógeno con metales de los grupos 1 y 2, excepto el berilio y el magnesio.[1] El hidrógeno, que es la parte electronegativa del compuesto,

---

[1] El berilio y el magnesio, junto al aluminio, forman una clase de hidruros de carácter intermedio, pues no son ni iónicos ni moleculares puros.

3.1. COMBINACIONES BINARIAS DEL HIDRÓGENO

actúa con número de oxidación -1 y está en forma de ion hidruro, H^-, y el metal, como M^+ o M^{2+}.

Fórmula	De composición con pref. multiplicadores	De composición con números romanos	De composición con números de carga
SrH_2	dihidruro de estroncio, hidruro de estroncio	hidruro de estroncio	hidruro de estroncio
LiH	hidruro de litio	hidruro de litio	hidruro de litio
RbH	hidruro de rubidio	hidruro de rubidio	hidruro de rubidio
BaH_2	dihidruro de bario, hidruro de bario	hidruro de bario	hidruro de bario

Podemos utilizar la nomenclatura con el número de carga porque son compuestos formado por iones. En todos los compuestos coinciden los nombres en las distintas nomenclaturas porque el número de oxidación es único ($+1$ para los metales alcalinos y $+2$ para los metales alcalinotérreos).[2]

¿Cómo obtenemos la fórmula del compuesto a partir de su nombre? Supongamos que tenemos que escribir la fórmula del hidruro de calcio.

- A partir de los números de oxidación

    Como es un hidruro iónico, el número de oxidación del hidrógeno es -1. El número de oxidación del calcio (grupo 2) siempre es $+2$ cuando forma compuestos. Como la suma algebraica de los números de oxidación de los átomos en el compuesto es cero, debe haber dos átomos de hidrógeno por cada átomo de calcio:

    $$\overset{+2\ \boxed{2}\ (-1)}{CaH_2}$$

    La fórmula es CaH_2.

- A partir de la carga de los iones

    Como el hidrógeno es más electronegativo que el calcio, H^- será el anión y Ca^{2+}, el catión. El átomo de hidrógeno consigue la estabilidad ganando un electrón y el átomo de calcio, que pertenece al grupo 2, perdiendo dos electrones. Como la carga neta de la unidad fórmula es cero, debe haber dos iones H^- por cada ion Ca^{2+}.

    $$\left.\begin{array}{ccc} \underline{\text{ion}} & \underline{\text{fórmula}} \\ \text{hidruro} & H^- \\ \text{calcio(2+)} & Ca^{2+} \end{array}\right\} un\ Ca^{2+},\ dos\ H^- \Rightarrow CaH_2$$

---

[2]Recordamos que los nombres que aparecen en columnas rellenas de gris son los más utilizados en las cuestiones de nomenclatura.

Ejercicio 3.1

Complete la siguiente tabla:

Fórmula	De composición con pref. multiplicadores	De composición con números romanos	De composición con números de carga
	dihidruro de radio, hidruro de radio		
NaH			

Respuesta:

Fórmula	De composición con pref. multiplicadores	De composición con números romanos	De composición con números de carga
RaH$_2$	dihidruro de radio, hidruro de radio	hidruro de radio	hidruro de radio
NaH	hidruro de sodio	hidruro de sodio	hidruro de sodio

Atención:

Ni los prefijos multiplicadores, ni los números romanos ni los números de carga son necesarios en los nombres binarios si no hay ambigüedad sobre la estequiometría del compuesto. De ahora en adelante, nombres con prefijos multiplicadores en los que no haya ambigüedad y nombres en los que la ausencia del prefijo 'mono-' la produzca aparecerán | entre barras |.

3.1.2. Hidruros metálicos

Son combinaciones del hidrógeno con algunos metales de transición y transición interna. El hidrógeno también actúa en este caso con número de oxidación -1. Generalmente son compuestos no estequiométricos. Los hidruros de los grupos 7-12 o no existen o son poco conocidos, con excepción de los hidruros de Pd, Ni, Cu y Zn.

Fórmula	De composición con pref. multiplicadores	De composición con números romanos
CeH$_2$	dihidruro de cerio	hidruro de cerio(II)
YH$_3$	trihidruro de itrio	hidruro de itrio(III)
NiH	monohidruro de níquel, |hidruro de níquel|	hidruro de níquel(I)
ZnH$_2$	dihidruro de zinc	hidruro de zinc(II)

3.1. COMBINACIONES BINARIAS DEL HIDRÓGENO

El metal no suele utilizar números de oxidación normales. Por ello, mantenemos los números romanos en los hidruros de elementos que normalmente tienen un único número de oxidación, como pueden ser los casos del zinc y del itrio.

Ejercicio 3.2
Complete la siguiente tabla:

Fórmula	De composición con pref. multiplicadores	De composición con números romanos
CrH		
	dihidruro de lantano	
		hidruro de lutecio(III)
HfH$_2$		

Respuesta:

Fórmula	De composición con pref. multiplicadores	De composición con números romanos
CrH	monohidruro de cromo, |hidruro de cromo|	hidruro de cromo(I)
LaH$_2$	dihidruro de lantano	hidruro de lantano(II)
LuH$_3$	trihidruro de lutecio	hidruro de lutecio(III)
HfH$_2$	dihidruro de hafnio	hidruro de hafnio(II)

3.1.3. Hidruros covalentes con los elementos de los grupos 13, 14 y 15

El hidrógeno actúa en este caso con número de oxidación +1. Además de la nomeclatura de composición, se utiliza la nomenclatura de los hidruros progenitores.

Usted debe saber que:

Uno de los sistemas de nomenclatura recogido en las recomendaciones de 2005 de la IUPAC es la denominada nomenclatura sustitutiva, tal como hemos señalado al principio. Esta forma de nombrar los compuestos está basada en los hidruros progenitores. Se recomienda para los derivados de los hidruros progenitores mononucleares y los homopolinucleares relacionados con los anteriores.

- Hidruros progenitores mononucleares

Los nombres de los hidruros progenitores mononucleares están recogidos en la tabla siguiente:

BH_3	borano	CH_4	metano	NH_3	azano	H_2O	oxidano	HF	fluorano
AlH_3	alumano	SiH_4	silano	PH_3	fosfano	H_2S	sulfano	HCl	clorano
GaH_3	galano	GeH_4	germano	AsH_3	arsano	H_2Se	selano	HBr	bromano
InH_3	indigano	SnH_4	estannano	SbH_3	estibano	H_2Te	telano	HI	yodano
TlH_3	talano	PbH_4	plumbano	BiH_3	bismutano	H_2Po	polano	HAt	astatano

Los nombres 'azano' y 'oxidano' se proponen con la intención de usarlos solamente para nombrar derivados del amoniaco y agua, respectivamente, mediante la nomenclatura de sustitución. No se aceptan los nombres 'fosfina', 'arsina' y 'estibina' para PH_3, AsH_3 y SbH_3, respectivamente.

No consideramos en este manual aquellos hidruros en los que sus átomos no presentan sus números de enlaces normales como, por ejemplo, PH_5 (λ^5-fosfano), SnH_2 (λ^2-estannano), etc.

- Hidruros progenitores homopolinucleares (excepto los hidruros de boro y carbono).[a]

Solo consideramos los que no forman ciclos y cuyos átomos presentan un número de enlaces usuales. Dentro de estos nos referimos a aquellos que presentan enlaces simples y a los que presentan insaturaciones. Se nombran recurriendo al prefijo multiplicador apropiado ('di-', 'tri-', 'tetra-', etc.) y la terminación '-ano' para los saturados y '-eno' para los insaturados.

Ejemplos:

HOOH	dioxidano; peróxido de hidrógeno
H_2NNH_2	diazano; hidrazina
H_3PbPbH_3	diplumbano
HSeSeSeH	triselano
$H_3SiSiH_2SiH_2SiH_3$	tetrasilano
HN=NH	diazeno
HSb=SbH	diestibeno

---

[a]La nomenclatura de los hidruros de boro difiere del resto de los hidruros. Una de las nomenclaturas es la estequiométrica. En ella, a diferencia de la nomenclatura de los hidrocarburos, hay que especificar el número de átomos de hidrógeno, puesto que no puede deducirse de consideraciones de enlaces sencillas. Así, B_3H_6 se llama diborano(6); B_2H_4, diborano(4); y B_2H_2, diborano(2).

3.1. COMBINACIONES BINARIAS DEL HIDRÓGENO

Fórmula	De composición con pref. multiplicadores	De sustitución (hidruros progenitores)	Vulgar
NH_3	trihidruro de nitrógeno	azano	amoniaco
AsH_3	trihidruro de arsénico	arsano	
PbH_4	tetrahidruro de plomo	plumbano	
H_2PPH_2	tetrahidruro de difósforo	difosfano	

Se utiliza más el nombre de composición con prefijos multiplicadores, excepto el nombre vulgar amoniaco para NH_3. No se suele utilizar el nombre de composición con números romanos porque en muchos casos hay ambigüedad en la estequiometría del compuesto (compuestos poliméricos del boro), y compuestos donde el elemento metálico puede presentar otros números de oxidación que no son los habituales, como los hidruros de aluminio y berilio (este último, del grupo 2), que incluimos en este apartado.

Ejercicio 3.3

Complete la siguiente tabla:

Fórmula	De composición con pref. multiplicadores	De sustitución (hidruros progenitores)
PH_3		
	trihidruro de boro	
		silano
SbH_3		

 Respuesta:

Fórmula	De composición con pref. multiplicadores	De sustitución (hidruros progenitores)
PH_3	trihidruro de fósforo	fosfano
BH_3	trihidruro de boro	borano
SiH_4	tetrahidruro de silicio	silano
SbH_3	trihidruro de antimonio	estibano

Ejercicio 3.4

Formule o nombre mediante prefijos multiplicadores los siguientes hidruros:
a) monohidruro de aluminio b) tetrahidruro de germanio c) trihidruro de galio d) BeH d) SbH_5 f) AlH_3.

Respuesta:

a) AlH b) GeH$_4$ c) GaH$_3$ d) monohidruro de berilio e) pentahidruro de antimonio f) trihidruro de aluminio.

Recuerde:

Los nombres sistemáticos 'fosfano', 'arsano' y 'estibano' sustituyen a los nombres de 'fosfina', 'arsina' y 'estibina', que ya no están aceptados por la IUPAC.

3.1.4. Hidruros covalentes con los elementos de los grupos 16 y 17. Hidrácidos

En este caso, el hidrógeno también actúa con número de oxidación +1, mientras que el otro elemento actúa con número de oxidación −1 si es del grupo 17, o −2 si es del grupo 16.

Fórmula	De composición con pref. multiplicadores	De sustitución (hidruros progenitores)	Vulgar
HF	fluoruro de hidrógeno	fluorano	fluoruro de hidrógeno
H$_2$Te	telururo de dihidrógeno	telano	telururo de hidrógeno
H$_2$Po	polonuro de dihidrógeno	polano	(no tiene)
HBr	bromuro de hidrógeno	bromano	bromuro de hidrógeno

Se utiliza más el nombre vulgar si lo tiene, aunque la IUPAC recomienda utilizar preferentemente el nombre de composición con prefijos multiplicadores.

¿Cómo obtenemos la fórmula del sulfuro de hidrógeno? La obtenemos a partir de los números de oxidación. Como es un hidruro covalente, el número de oxidación del hidrógeno es +1 y el del azufre, −2. Por otra parte, la suma algebraica de los números de oxidación de los átomos en la molécula es cero. Por tanto, debe haber dos átomos de hidrógeno y un átomo de azufre:

$$\boxed{2}\,(+1)\ (-2)$$
$$H_2S$$

La fórmula es H$_2$S.

3.1. COMBINACIONES BINARIAS DEL HIDRÓGENO

Ejercicio 3.5

Completa la siguiente tabla:

Fórmula	De composición con prefijos multiplicadores	De sustitución (hidruros progenitores)	Vulgar
			cloruro de hidrógeno
H_2O			
	selenuro de dihidrógeno		

Respuesta:

Fórmula	De composición con prefijos multiplicadores	De sustitución (hidruros progenitores)	Vulgar
HCl	cloruro de hidrógeno	clorano	cloruro de hidrógeno
H_2O	óxido de dihidrógeno	~~oxidano~~	agua
H_2Se	selenuro de dihidrógeno	selano	selenuro de hidrógeno

Las disoluciones acuosas de estos hidruros tienen carácter ácido, de ahí que se les nombre utilizando la palabra 'ácido' seguida de la raíz del nombre del elemento que se combina con el hidrógeno con el sufijo '-hídrico' y que se les formule poniendo (aq) a continuación de la fórmula del hidruro del que procede.

Los hidrácidos no son sustancias puras y, por tanto, su nomenclatura no entra dentro de la nomenclatura que estamos viendo, que es la de las sustancias puras; sin embargo, debido a la importancia de estas disoluciones en distintos ámbitos, es necesario que conozcamos sus nombres, pero el uso de estos no está dentro de las normas de nomenclatura de la IUPAC.[3]

---

[3]

HF(aq)	ácido fluorhídrico	H_2S(aq)	ácido sulfhídrico
HCl(aq)	ácido clorhídrico	H_2Se(aq)	ácido selenhídrico
HBr(aq)	ácido bromhídrico	H_2Te(aq)	ácido telurhídrico
HI(aq)	ácido yodhídrico		

3.2. Combinaciones binarias del oxígeno

3.2.1. Óxidos

Los óxidos son compuestos que resultan de la unión del oxígeno con otro elemento, ya sea metálico o no metálico. El oxígeno siempre actúa en estas combinaciones con número de oxidación -2, excepto cuando se combina con el flúor, que es más electronegativo que él, y actúa en este caso con número de oxidación positivo ($+2$ en el OF_2 y $+1$ en el OF).

Los óxidos se clasifican en óxidos metálicos y óxidos no metálicos, según sea metálico o no el elemento que se una al oxígeno. Los nombramos mediante la nomenclatura de composición.

Óxidos metálicos

En este tipo de compuestos, el metal, menos electronegativo, que utiliza números de oxidación positivos, se coloca a la izquierda; y el oxígeno, a la derecha.

Estos compuestos son iónicos, salvo que el metal utilice un número de oxidación elevado y, por ello, podemos expresar su nombre mediante números de carga excepto en esos casos concretos.

Fórmula	Con prefijos multiplicadores	Con números romanos	Con números de carga
Na_2O	|óxido de disodio|, óxido de sodio	óxido de sodio	óxido de sodio
FeO	monóxido de hierro, |óxido de hierro|	óxido de hierro(II)	óxido de hierro(2+)
ZnO	óxido de zinc, |monóxido de zinc|	óxido de zinc	óxido de zinc
PtO_2	dióxido de platino	óxido de platino(IV)	óxido de platino(4+)
Al_2O_3	trióxido de aluminio, óxido de aluminio	óxido de aluminio	óxido de aluminio

Es más utilizada la nomenclatura que utiliza los números romanos.[4]

¿Cómo obtenemos la fórmula de un óxido metálico a partir de su nombre? Supongamos que nos dan el nombre de óxido de plomo(IV).

---

[4]El aluminio puede combinarse con el oxígeno para formar AlO, monóxido de aluminio. Por ello, podemos hacer una excepción y nombrar mejor al Al_2O_3 como trióxido de dialuminio.

3.2. COMBINACIONES BINARIAS DEL OXÍGENO

- A partir de los números de oxidación

  El número de oxidación del oxígeno es -2 y el número de oxidación del plomo, $+4$ (nos lo indica el número romano del nombre). Por otra parte, la suma algebraica de los números de oxidación de los átomos en la unidad fórmula es cero. Por tanto, debe haber dos átomos de oxígeno por cada átomo de plomo:

  $$\overset{(+4)\ \boxed{2}\ (-2)}{\text{PbO}_2}$$

  La fórmula es PbO_2.

- A partir de la carga de los iones

  O^{2-} será el anión y Pb^{4+}, el catión. Como la carga neta de la unidad fórmula es cero, tiene que haber dos iones O^{2-} por cada ion Pb^{4+}.

  $$\left.\begin{array}{ll} \text{ion} & \text{fórmula} \\ \text{óxido} & O^{2-} \\ \text{plomo}(4+) & Pb^{4+} \end{array}\right\} un\ Pb^{4+},\ dos\ O^{2-} \Rightarrow PbO_2$$

¿Cómo obtenemos el nombre de un óxido metálico a partir de su fórmula? Supongamos que nos dan la fórmula Mn_2O_7.

- A partir de los números de oxidación

  El número de oxidación del oxígeno es -2 y el número de oxidación del manganeso lo deducimos teniendo en cuenta que la suma algebraica de los números de oxidación de los átomos en la unidad fórmula es cero. Por tanto:

  $$\overset{2(x)\ \ 7(-2)}{\text{Mn}_2\text{O}_7}$$

  $$2(x) + 7(-2) = 0; \Rightarrow x = +7$$

  El nombre más utilizado es óxido de manganeso(VII).

- A partir de la carga de los iones

  En este caso, no lo hacemos por este procedimiento, ya que es improbable que el compuesto contenga iones Mn^{7+}, iones con siete cargas positivas (se sabe que la estructura del Mn_2O_7 consta de dos unidades MnO_4 compartiendo un vértice). Iones monoatómicos con carga elevada (Mo^{8+}, Ru^{8+}, Cr^{6+}, Mn^{6+}, V^{5+}, etc.) son poco probables. Por tanto, en aquellos compuestos en los que el metal tenga un número de oxidación alto no los nombraremos con el número de carga.

Ejercicio 3.6
Deduzca:

a) La fórmula del óxido de osmio(VIII) a partir del número de oxidación.

b) El nombre de Cu_2O a partir de las cargas de los iones.

Respuesta:

a) El número de oxidación del oxígeno es -2 y el del osmio, $+8$ (nos lo indica el número romano del nombre). Por otra parte, la suma algebraica de los números de oxidación de los átomos en la unidad fórmula es cero. Por tanto, debe haber cuatro átomos de oxígeno por cada átomo de molibdeno:

$$\overset{(+8)\;\boxed{4}\;(-2)}{MoO_4}$$

La fórmula es MoO_4.

b) O^{2-} será el anión. La carga del catión la deducimos teniendo en cuenta que la carga neta de la unidad fórmula es cero:

$$2(x) + 1(-2) = 0 \Rightarrow x = 1+$$

$$Cu_2O \quad \begin{array}{ll} \underline{\text{fórmula}} & \underline{\text{ion}} \\ un\ O^{2-} & \text{óxido} \\ dos\ Cu^+ & \text{cobre}(1+) \end{array} \bigg\}\ \text{óxido de cobre(I)}$$

 Ejercicio 3.7
Complete la siguiente tabla:

Fórmula	Con prefijos multiplicadores	Con números romanos	Con números de carga
		óxido de cobre(II)	
Ag_2O			
	dióxido de estaño		
V_2O_5			

Respuesta:

Fórmula	Con prefijos multiplicadores	Con números romanos	Con números de carga
CuO	monóxido de cobre, |óxido de cobre|	óxido de cobre(II)	óxido de cobre(2+)
Ag_2O	|óxido de diplata|, óxido de plata	óxido de plata	óxido de plata
SnO_2	dióxido de estaño	óxido de estaño(IV)	óxido de estaño(4+)
V_2O_5	pentaóxido de divanadio	óxido de vanadio(V)	~~óxido de vanadio(5+)~~

Óxidos no metálicos

Como se ha dicho anteriormente, las recomendaciones de la IUPAC de 2005 introduce una secuencia de los elementos según sus electronegatividades formales que como resultado altera el orden que había hasta entonces de los elementos en las combinaciones del oxígeno con el cloro, bromo, yodo y astato, que eran nombradas como óxidos. Antes, el compuesto de fórmula Cl_2O se llamaba óxido de dicloro. Después de las recomendaciones de 2005, el mismo compuesto tiene de fórmula OCl_2 y se llama dicloruro de oxígeno. Por otra parte, como se ve en la tabla de más abajo, la nomenclatura de composición expresada con números romanos crea ambigüedad en ciertos compuestos, que, siendo distintos, pues están constituidos por moléculas diferentes, tienen el mismo nombre.

Fórmula	Con prefijos multiplicadores	Con números romanos
CO	monóxido de carbono, |óxido de carbono|	óxido de carbono(II)
CO_2	dióxido de carbono	óxido de carbono(IV)
OCl_2	dicloruro de oxígeno	
O_7Cl_2	dicloruro de heptaoxígeno	
N_2O	óxido de dinitrógeno	óxido de nitrógeno(I)
SeO_3	trióxido de selenio	óxido de selenio(VI)
NO_2	dióxido de nitrógeno	óxido de nitrógeno(IV)
N_2O_4	tetraóxido de dinitrógeno	óxido de nitrógeno(IV)

Es más utilizada la nomenclatura que utiliza los prefijos multiplicadores.

Recuerde:

La nomenclatura mediante números romanos de los óxidos no metálicos puede crear ambigüedad en algunas casos: dos sustancias diferentes tienen el mismo nombre. No se debe utilizar en estos casos.

Ejercicio 3.8
Complete la siguiente tabla:

Fórmula	Con prefijos multiplicadores	Con números romanos
SO_2		
		óxido de fósforo(V)
	dibromuro de trioxígeno	
N_2O_2		
	monóxido de nitrógeno	

Respuesta:

Fórmula	Con prefijos multiplicadores	Con números romanos
SO_2	dióxido de azufre	óxido de azufre(IV)
P_2O_5	pentaóxido de difósforo	óxido de fósforo(V)
O_3Br_2	dibromuro de trioxígeno	
N_2O_2	dióxido de dinitrógeno	óxido de nitrógeno(II)
NO	monóxido de nitrógeno, |óxido de nitrógeno|	óxido de nitrógeno(II)

De nuevo observamos ambigüedad en el nombre de óxido de nitrógeno(II). Puede referirse tanto a N_2O_2 como a NO.

3.2.2. Peróxidos, superóxidos y ozónidos

Peróxidos

Son combinaciones del oxígeno con un metal y con el hidrógeno, en las que el oxígeno actúa con número de oxidación -1. Los peróxidos metálicos contienen el ion O_2^{2-}, cuyo nombre sistemático es dióxido(2−) y el vulgar, admitido por la IUPAC, peróxido.

3.2. COMBINACIONES BINARIAS DEL OXÍGENO

Se emplean la nomenclatura de composición con prefijos multiplicadores mediante el nombre estequiométrico sencillo, aquella otra en la que especificamos que la sustancia contiene el ion O_2^{2-} y el nombre vulgar o tradicional.

El segundo tipo de nomenclatura nos da más información que el primero, pues nos indica que la sustancia contiene el ion dióxido(2−), y así aclara que no contiene dos iones óxido. Nombramos el compuesto mediante el término 'dióxido(2−) de' seguido del ion metálico con su número de carga si el metal tiene más de un estado de oxidación.

Se utilizan más los nombres vulgares, en el caso de que lo tengan. Se admiten los nombres vulgares expresando el número de oxidación con números romanos, con alguna excepción. No está permitido el nombre de agua oxigenada para H_2O_2.

Fórmula	Con prefijos multiplicadores (nombre estequiométrico sencillo)	Nombre con más información	Nombre vulgar
H_2O_2	peróxido de dihidrógeno		peróxido de hidrógeno
BaO_2	dióxido de bario	dióxido(2−) de bario	peróxido de bario
HgO_2	dióxido de mercurio	dióxido(2−) de mercurio(2+)	peróxido de mercurio(II)
Hg_2O_2	dióxido de dimercurio	dióxido(2−) de mercurio(1+)	peróxido de dimercurio(2+)[5]

¿Cómo obtenemos la fórmula del compuesto a partir de su nombre? Supongamos que tenemos que escribir la fórmula del peróxido de potasio.

- A partir de los números de oxidación

    Se trata del nombre vulgar de este compuesto. Como es un peróxido, contiene el grupo O_2 y el número de oxidación del oxígeno en los peróxidos es −1. El del potasio (grupo 1) siempre es +1 cuando forma compuestos. Por otra parte, la suma algebraica de los números de oxidación de los átomos de la unidad fórmula del compuesto es cero. Por tanto:

    $$\boxed{2}(+1) \;\; 2(-1)$$
    $$K_2O_2$$
    $$2(+1) + 2(-1) = 0$$

    La fórmula es K_2O_2.

---

[5] Recuerde que la IUPAC no recomienda el uso de los números de oxidación en el caso de que el compuesto contenga iones homopoliatómicos para evitar así ambigüedades.

- A partir de la carga de los iones

  O_2^{2-} es el anión y K^+, el catión. Como la carga neta de la unidad fórmula del compuesto es cero, tiene que haber dos iones K^+ por cada ion O_2^{2-}.

  $$\left.\begin{array}{cc} \underline{\text{ion}} & \underline{\text{fórmula}} \\ \text{peróxido} & O_2^{2-} \\ \text{potasio}(1+) & K^+ \end{array}\right\} dos\, K^+,\, un\, O_2^{2-} \Rightarrow K_2O_2$$

¿Y cómo obtenemos el nombre del compuesto a partir de su fórmula? Supongamos que queremos escribir el nombre del compuesto BaO_2.

Se trata del peróxido de bario, puesto que contiene un grupo O_2, que debe ser un ion peróxido, O_2^{2-}, ya que está unido a un ion bario, Ba^{2+}, para que así la unidad fórmula del compuesto sea eléctricamente neutra. Este sería su nombre vulgar, que es el más utilizado. También lo podríamos nombrar como dióxido de bario, que es su nombre estequiométrico sencillo, o de otra manera, especificando que contiene el ion dióxido(2−): dióxido(2−) de bario.

Ejercicio 3.9

Complete la siguiente tabla:

Fórmula	Con prefijos multiplicadores (n. estequiométrico sencillo)	Nombre con más información	Nombre vulgar
ZnO_2			
			peróxido de sodio
		dióxido(2−) de cobre(1+)	
CuO_2			

Respuesta:

Fórmula	Con prefijos multiplicadores (n. estequiométrico sencillo)	Nombre con más información	Nombre vulgar
ZnO_2	dióxido de zinc	dióxido(2−) de zinc	peróxido de zinc
Na_2O_2	dióxido de disodio	dióxido(2−) de sodio	peróxido de sodio
Cu_2O_2	dióxido de dicobre	dióxido(2−) de cobre(1+)	peróxido de cobre(I)
CuO_2	dióxido de cobre	dióxido(2−) de cobre(2+)	peróxido de cobre(II)

3.2. COMBINACIONES BINARIAS DEL OXÍGENO

> **? Usted se pregunta:**
>
> ¿Cuál es el significado del símbolo tipográfico '$=$' (doble guion descentrado) que se utiliza en el libro?
>
> • El símbolo se utiliza para dividir los nombres de especies químicas al final de un renglón, a menos que podamos aprovechar un guion presente en el nombre. Otras veces, para no dividir el nombre en una tabla lo escribimos con una fuente de tamaño menor al usual.

Superóxidos y ozónidos

Son combinaciones del oxígeno con un metal. Los superóxidos contienen el ion O_2^-, cuyo nombre sistemático es dióxido(1−) y el vulgar, que está admitido por la IUPAC, superóxido. Los ozónidos contienen el ion O_3^-, cuyo nombre sistemático es trióxido(1−) y el vulgar, admitido por la IUPAC, ozónido.

Se emplean la nomenclatura de composición con prefijos multiplicadores mediante el nombre estequiométrico sencillo, aquella otra en la que especificamos que la sustancia contiene el ion correspondiente, O_2^- o O_3^-, según se trate de un superóxido o un ozónido, respectivamente, y el nombre vulgar.

Fórmula	Con prefijos multiplicadores (n. estequiométrico sencillo)	Nombre con más información	Nombre vulgar
NaO_2	dióxido de sodio	dióxido(1−) de sodio	superóxido de sodio
RbO_2	dióxido de rubidio	dióxido(1−) de rubidio	superóxido de rubidio
CaO_4	tetraóxido de calcio	dióxido(1−) de calcio	superóxido de calcio
KO_3	trióxido de potasio	trióxido(1−) de potasio	ozónido de potasio
CsO_3	trióxido de cesio	trióxido(1−) de cesio	ozónido de cesio
MgO_6	hexaóxido de magnesio	trióxido(1−) de magnesio	ozónido de magnesio

¿Cómo obtenemos la fórmula del compuesto a partir de su nombre? Supongamos que queremos escribir la fórmula del superóxido de sodio y del ozónido de calcio.

- Superóxido de sodio

  El ion superóxido es el anión y el ion sodio(1+), el catión. Como la carga neta de la unidad fórmula del compuesto es cero, debe haber un ion O_2^- por cada ion Na^+.

  $$\left.\begin{array}{cc} \underline{\text{ion}} & \underline{\text{fórmula}} \\ \text{superóxido} & O_2^- \\ \text{sodio(1+)} & Na^+ \end{array}\right\} \textit{un } Na^+, \textit{un } O_2^- \Rightarrow NaO_2$$

- Ozónido de calcio

  El ion ozónido es el anión y el ion calcio(2+), el catión. Como la carga neta de la unidad fórmula del compuesto es cero, debe haber dos iones O_3^- por cada ion Ca^{2+}.

  $$\left.\begin{array}{cc} \underline{\text{ion}} & \underline{\text{fórmula}} \\ \text{ozónido} & O_3^- \\ \text{calcio(2+)} & Ca^{2+} \end{array}\right\} \textit{un } Ca^{2+}, \textit{dos } O_3^- \Rightarrow CaO_6$$

¿Y cómo obtenemos el nombre del compuesto a partir de su su fórmula?

- Supongamos que queremos escribir el nombre del compuesto MgO_4.

  Se trata del superóxido de magnesio puesto que contiene grupos O_2 (en este caso dos), que deben ser dos iones superóxido, O_2^-, ya que están unidos a un ion magnesio(2+), Mg^{2+}, para que así la unidad fórmula del compuesto sea eléctricamente neutra. Este sería su nombre vulgar, que es el más utilizado. También lo podríamos nombrar como tetraóxido de magnesio o dióxido(1−) de magnesio.

- Supongamos que queremos escribir el nombre del compuesto NaO_3.

  Se trata del ozónido de sodio puesto que contiene un grupo O_3, que debe ser un ion ozónido, O_3^-, ya que está unido a un ion sodio(1+), Na^+, para que así la unidad fórmula del compuesto sea eléctricamente neutra. Este sería su nombre vulgar, que es el más utilizado. También lo podríamos nombrar como trióxido de sodio o trióxido(1−) de sodio.

> **? Recuerde:**
> - El ion O_2^{2-}, dioxígeno(2−), tiene el nombre vulgar peróxido.
> - El ion O_2^-, dioxígeno(1−), tiene el nombre vulgar superóxido.
> - El ion O_3^-, trioxígeno(1−), tiene el nombre vulgar ozónido.

3.3. OTRAS COMBINACIONES BINARIAS

 Ejercicio 3.10
Complete la siguiente tabla:

Fórmula	Con prefijos multiplicadores (n. estequiométrico sencillo)	Nombre con más información	Nombre vulgar
KO_2			
	tetraóxido de estroncio		
BaO_4			
		trióxido(1−) de sodio	
CaO_6			

Respuesta:

Fórmula	Con prefijos multiplicadores (n. estequiométrico sencillo)	Nombre con más información	Nombre vulgar
KO_2	dióxido de potasio	dióxido(1−) de potasio	superóxido de potasio
BaO_4	tetraóxido de bario	dióxido(1−) de bario	superóxido de bario
SrO_4	tetraóxido de estroncio	dióxido(1−) de estroncio	superóxido de estroncio
NaO_3	trióxido de sodio	trióxido(1−) de sodio	ozónido de sodio
CaO_6	hexaóxido de calcio	trióxido(1−) de calcio	ozónido de calcio

3.3. Otras combinaciones binarias

3.3.1. Combinaciones de metal con no metal (sales binarias)

En este tipo de combinaciones, el metal, menos electronegativo, con número de oxidación positivo, se coloca a la izquierda; y el no metal, más electronegativo, con número de oxidación negativo, se pone a la derecha. Se añaden los subíndices apropiados al símbolo de cada elemento teniendo en cuenta las cargas iónicas del metal y del no metal, de manera que la suma algebraica de las cargas de la unidad fórmula del compuesto sea cero.

Los nombramos mediante la nomenclatura de composición. Dado que los compuestos binarios formados por un metal y un no metal están formados por iones, podemos expresar el nombre del compuesto mediante números de carga.

Fórmula	Con prefijos multiplicadores	Con números romanos	Con número de carga
$BaCl_2$	|dicloruro de bario|, cloruro de bario	cloruro de bario	cloruro de bario
PbI_2	diyoduro de plomo	yoduro de plomo(II)	yoduro de plomo(2+)
CuS	monosulfuro de cobre, |sulfuro de cobre|	sulfuro de cobre(II)	sulfuro de cobre(2+)
$AuCl_3$	tricloruro de oro	cloruro de oro(III)	cloruro de oro(3+)
NaF	fluoruro de sodio	fluoruro de sodio	fluoruro de sodio
Fe_2S_3	trisulfuro de dihierro	sulfuro de hierro(III)	sulfuro de hierro(3+)

Es más utilizada la nomenclatura que utiliza los números romanos.

¿Cómo obtenemos la fórmula del compuesto a partir de su nombre? Supongamos que queremos escribir la fórmula del sulfuro de platino(IV). Como la sustancia está formada por iones, la vamos a obtener mejor a partir de la carga de los iones.

El ion sulfuro, S^{2-}, es el anión y el ion platino(4+), Pt^{4+}, el catión. Como la carga neta de la unidad fórmula del compuesto es cero, tiene que haber dos iones S^{2-} por cada ion Pt^{4+}.

$$\left. \begin{array}{cc} \text{ion} & \text{fórmula} \\ \text{sulfuro} & S^{2-} \\ \text{platino(4+)} & Pt^{4+} \end{array} \right\} un\ Pt^{4+},\ dos\ S^{2-} \Rightarrow PtS_2$$

¿Cómo obtenemos el nombre del compuesto a partir de su fórmula? Supongamos que queremos escribir el nombre del compuesto que tiene por fórmula $ZnCl_2$.

Cl^- será el anión. La carga del catión la deducimos teniendo en cuenta que la carga neta de la unidad fórmula es cero:

$$x + 2(-1) \Rightarrow x = 2+$$

$$ZnCl_2 \begin{array}{cc} \underline{\text{fórmula}} & \underline{\text{ion}} \\ dos\ Cl^- & \text{cloruro} \\ un\ Zn^{2+} & \text{zinc(2+)} \end{array} \Bigg\} \text{cloruro de zinc}$$

3.3. OTRAS COMBINACIONES BINARIAS

Ejercicio 3.11

a) Deduzca la fórmula del cloruro de vanadio(IV).

b) Escriba el nombre de TiN.

Respuesta:

a) A partir del número de oxidación: el número de oxidación del cloro es -1 y el del vanadio, $+4$ (nos lo indica el número romano en el nombre). Por otra parte, la suma algebraica de los números de oxidación de los átomos en la unidad fórmula es cero. Por tanto, debe haber cuatro átomos de cloro por cada átomo de vanadio:

$$\overset{1(+4)\;\boxed{4}(-1)}{VCl_4}$$

La fórmula es VCl_4.

b) A partir de la carga de los iones: N^{3-} será el anión. La carga del catión la deducimos teniendo en cuenta que la carga neta de la unidad fórmula es cero:

$$1(x) + 1(-3) \Rightarrow x = 3+$$

$$\text{TiN} \quad \begin{array}{ll} \underline{\text{fórmula}} & \underline{\text{ion}} \\ un\;N^{3-} & \text{nitruro} \\ un\;Ti^{3+} & \text{titanio}(3+) \end{array} \Bigg\} \text{nitruro de titanio(III)}$$

Ejercicio 3.12

Complete la siguiente tabla:

Fórmula	Con prefijos multiplicadores	Con números romanos	Con números de carga
$ZnBr_2$			
	monosulfuro de plomo		
		cloruro de cromo(III)	
			sulfuro de calcio
Sr_3P_2			

Respuesta:

Fórmula	Con prefijos multiplicadores	Con números romanos	Con número de carga
$ZnBr_2$	|dibromuro de zinc|, bromuro de zinc	bromuro de zinc	bromuro de zinc
PbS	monosulfuro de plomo, |sulfuro de plomo|	sulfuro de plomo(II)	sulfuro de plomo(2+)
$CrCl_3$	tricloruro de cromo	cloruro de cromo(III)	cloruro de cromo(3+)
CaS	sulfuro de calcio	sulfuro de calcio	sulfuro de calcio
Sr_3P_2	|difosfuro de triestroncio|, fosfuro de estroncio	fosfuro de estroncio	fosfuro de estroncio

3.3.2. Combinaciones de no metal con no metal

En este tipo de combinaciones tenemos también en cuenta la secuencia de los elementos indicada en la Tabla IV. De acuerdo con este criterio, el elemento formalmente menos electronegativo precede al elemento formalmente más electronegativo. Se añaden los subíndices apropiados al símbolo de cada elemento teniendo en cuenta que la suma algebraica de los números de oxidación de los átomos de la molécula o de la unidad fórmula sea cero.[6]

Los nombramos, igualmente, mediante la nomenclatura de composición. Dado que los compuestos binarios constituidos por dos no metales no están formados por iones, no expresamos el nombre del compuesto mediante números de carga.

Fórmula	Con prefijos multiplicadores	Con números romanos
SF_6	hexafluoruro de azufre	fluoruro de azufre(VI)
PCl_5	pentacloruro de fósforo	cloruro de fósforo(V)
As_2S_3	trisulfuro de diarsénico	sulfuro de arsénico(III)
CS_2	disulfuro de carbono	sulfuro de carbono(IV)
CBr_4	tetrabromuro de carbono	bromuro de carbono(IV)

Es más utilizada la nomenclatura que utiliza los prefijos multiplicadores.

---

[6]Hay casos en los que el compuesto no está formado por moléculas. Es el caso, por ejemplo, del dióxido de silicio (SiO_2) o del nitruro de boro (BN), que son compuestos macromoleculares.

3.3. OTRAS COMBINACIONES BINARIAS

¿Cómo obtenemos la fórmula del compuesto a partir de su nombre? Supongamos que queremos escribir la fórmula del seleniuro de arsénico(III).[7] Como la sustancia no está formada por iones, la obtenemos a partir de los números de oxidación.

El número de oxidación del selenio es -2 (grupo 16) y el del arsénico, $+3$ (nos lo indica el número romano en el nombre). Por otra parte, la suma algebraica de los números de oxidación de los átomos en la molécula es cero. Por tanto, debe haber dos átomos de arsénico por cada tres átomos de selenio:

$$\boxed{2}(+3)\ \boxed{3}(-2)$$
$$As_2Se_3$$

La fórmula es As_2Se_3.

 Ejercicio 3.13

Complete la siguiente tabla:

Fórmula	Con prefijos multiplicadores	Con números romanos
PI_3		
	monobromuro de yodo	
NF_3		fluoruro de nitrógeno(III)
	tetracloruro de carbono	
SCl_2		

 Respuesta:

Fórmula	Con prefijos multiplicadores	Con números romanos
PI_3	triyoduro de fósforo	yoduro de fósforo(III)
IBr	monobromuro de yodo	bromuro de yodo(I)
NF_3	trifluoruro de nitrógeno	fluoruro de nitrógeno(III)
CCl_4	tetracloruro de carbono	cloruro de carbono(IV)
SCl_2	dicloruro de azufre	cloruro de azufre(II)

 Recuerde:

- Metal con no metal, incluidos óxidos: números romanos.
- No metal con no metal, incluidos óxidos: prefijos multiplicadores.

---

[7] Lo normal es que nos preguntasen por la fórmula del triseleniuro de diarsénico (mediante prefijos multiplicadores) al tratarse de una combinación de dos no metales.

Ejercicio 3.14

Complete la siguiente tabla de hidruros:

N°	Nombre	Fórmula
1.	LaH_3	
2.	PH_5	
3.	SnH_4	
4.		hidruro de potasio
5.		monohidruro de tántalo
6.		estibano
7.	FrH	
8.	H_2S_2	
9.	CaH_2	
10.		amoniaco
11.		yoduro de hidrógeno
12.	InH_3	
13.	SbH_5	
14.		hidruro de cromo(II)
15.		dihidruro de magnesio

Respuesta:

N°	Nombre	Fórmula
1.	LaH_3	trihidruro de lantano, hidruro de lantano(III)
2.	PH_5	pentahidruro de fósforo
3.	SnH_4	tetrahidruro de estaño
4.	KH	hidruro de potasio
5.	TaH	monohidruro de tántalo
6.	SbH_3	estibano
7.	FrH	hidruro de francio
8.	H_2S_2	disulfuro de dihidrógeno
9.	CaH_2	hidruro de calcio, |dihidruro de calcio|
10.	NH_3	amoniaco
11.	HI	yoduro de hidrógeno
12.	InH_3	trihidruro de indio
13.	SbH_5	pentahidruro de antimonio
14.	CrH_2	hidruro de cromo(II)
15.	MgH_2	dihidruro de magnesio

3.3. OTRAS COMBINACIONES BINARIAS

Ejercicio 3.15

Complete la siguiente tabla de combinaciones binarias del oxígeno:

N°	Nombre	Fórmula
1.	ReO_2	
2.	SrO_2	
3.	TeO_3	
4.		óxido de iridio(IV)
5.		óxido de cadmio
6.		óxido de wolframio(VI)
7.	CsO_2	
8.	O_3Cl	
9.	Nb_2O_5	
10.		ozónido de bario
11.		pentaóxido de diarsénico
12.	O_2F_2	
13.		dióxido de tricarbono
14.		óxido de tecnecio(VII)
15.	RuO_4	

Respuesta:

N°	Nombre	Fórmula
1.	ReO_2	óxido de renio(IV), dióxido de renio
2.	SrO_2	dióxido de estroncio; peróxido de estroncio
3.	TeO_3	trióxido de telurio, óxido de telurio(VI)
4.	IrO_2	óxido de iridio(IV)
5.	CdO	óxido de cadmio
6.	WO_3	óxido de wolframio(VI)
7.	CsO_2	dióxido de cesio; superóxido de cesio
8.	O_3Cl	cloruro de trioxígeno
9.	Nb_2O_5	óxido de niobio(V), pentaóxido de diniobio
10.	BaO_6	ozónido de bario
11.	As_2O_5	pentaóxido de diarsénico
12.	O_2F_2	difluoruro de dioxígeno
13.	C_3O_2	dióxido de tricarbono
14.	Tc_2O_7	óxido de tecnecio(VII)
15.	RuO_4	óxido de rutenio(VIII), tetraóxido de rutenio

Ejercicio 3.16

Complete la siguiente tabla:

N°	Nombre	Fórmula
1.	B_4C	
2.	CF_4	
3.	$BeCl_2$	
4.		sulfuro de estaño(IV)
5.		yoduro de magnesio
6.		bromuro de radio
7.	XeF_2	
8.	$AlCl_3$	
9.	$TiCl_4$	
10.		sulfuro de mercurio(II)
11.		hexacloruro de dialuminio
12.	P_2Zn_3	
13.	NI_3	
14.		cloruro de cobalto(III)
15.		sulfuro de cadmio

Respuesta:

N°	Nombre	Fórmula
1.	B_4C	carburo de tetraboro
2.	CF_4	tetrafluoruro de carbono, fluoruro de carbono(IV)
3.	$BeCl_2$	dicloruro de berilio
4.	SnS_2	sulfuro de estaño(IV)
5.	MgI_2	yoduro de magnesio
6.	$RaBr_2$	bromuro de radio
7.	XeF_2	difluoruro de xenón
8.	$AlCl_3$	tricloruro de aluminio
9.	$TiCl_4$	cloruro de titanio(IV), tetracloruro de titanio
10.	HgS	sulfuro de mercurio(II)
11.	Al_2Cl_6	hexacloruro de dialuminio
12.	P_2Zn_3	fosfuro de zinc
13.	NI_3	triyoduro de nitrógeno, yoduro de nitrógeno(III)
14.	$CoCl_3$	cloruro de cobalto(III)
15.	CdS	sulfuro de cadmio

Capítulo 4

Compuestos pseudobinarios

Existen ciertas sustancias que contienen más de dos clases de elementos, pero que se pueden formular y nombrar como si fueran compuestos binarios, por esto el nombre de compuestos pseudobinarios. Estas sustancias contienen al menos un ion heteropoliatómico como los iones hidróxido (OH^-), cianuro (CN^-) y amonio (NH_4^+), y son las que veremos en este capítulo. Otras contienen iones como tiocianato (SCN^-), dioxidouranio(1+) (UO_2^+), hidrogeno(sulfato)(1–) (HS^-), oxidovanadio(2+) (VO^{2+}), etc. cuya nomenclatura se verá más adelante.

4.1. Hidróxidos

Son compuestos formados por la combinación de cationes metálicos (y también el catión amonio) con el ion hidróxido, OH^-. Los nombramos mediante los distintos tipos de nomenclatura de composición.[1]

Fórmula	Con prefijos multiplicadores	Con números romanos	Con número de carga
NaOH	hidróxido de sodio	hidróxido de sodio	hidróxido de sodio
Pt(OH)$_4$	tetrahidróxido de platino	hidróxido de platino(IV)	hidróxido de platino(4+)
Zn(OH)$_2$	hidróxido de zinc, |dihidróxido de zinc|	hidróxido de zinc	hidróxido de zinc

---

[1] Una alternativa más rigurosa, que aparece en las recomendaciones de la IUPAC 2005, formula el ion hidróxido como HO^- y los hidróxidos con el OH/HO entre paréntesis, incluso en los casos en los que solo hay un ion hidróxido, como Na(OH), hidróxido de sodio.

Es más utilizada la nomenclatura de composición con los números romanos.

¿Cómo obtenemos la fórmula del compuesto a partir de su nombre? Supongamos que tenemos que escribir la fórmula del hidróxido de hierro(III). Como la sustancia está formada por iones, vamos a obtenerla a partir de la carga de los iones.

El ion hidróxido, OH^-, es el anión y el ion hierro(3+), Fe^{3+}, el catión. Como la carga neta de la unidad fórmula del compuesto es cero, debe haber tres iones OH^- por cada ion Fe^{3+}.

$$\left. \begin{array}{ll} \underline{\text{ion}} & \underline{\text{fórmula}} \\ \text{hidróxido} & OH^- \\ \text{hierro(3+)} & Fe^{3+} \end{array} \right\} \ un\ Fe^{3+},\ tres\ OH^- \Rightarrow Fe(OH)_3$$

Ejercicio 4.1
Complete la siguiente tabla:

Fórmula	Con prefijos multiplicadores	Con números romanos	Con números de carga
KOH			
	dihidróxido de mercurio		
Ca(OH)$_2$			
		hidróxido de cromo(III)	

Respuesta:

Fórmula	Con prefijos multiplicadores	Con números romanos	Con números de carga
KOH	hidróxido de potasio	hidróxido de potasio	hidróxido de potasio
Hg(OH)$_2$	dihidróxido de mercurio	hidróxido de mercurio(II)	hidróxido de mercurio(2+)
Ca(OH)$_2$	|dihidróxido de calcio|, hidróxido de calcio	hidróxido de calcio	hidróxido de calcio
Cr(OH)$_3$	trihidróxido de cromo	hidróxido de cromo(III)	hidróxido de cromo(3+)

4.2. Cianuros

Son compuestos formados por la combinación de cationes metálicos (y también el catión amonio) con el ion cianuro, CN^-. Los nombramos mediante los distintos tipos de nomenclatura de composición.[2]

Fórmula	Con prefijos multiplicadores	Con números romanos	Con números de carga
LiCN	cianuro de litio	cianuro de litio	cianuro de litio
$Cu(CN)_2$	dicianuro de cobre	dicianuro de cobre(II)	cianuro de cobre(2+)

4.3. Sales de amonio

Son compuestos formados por la combinación de aniones con el ion amonio, NH_4^+. Puesto que no existe ambigüedad y solo existe una sola sal de amonio para un anión determinado, empleamos la nomenclatura de composición sin la necesidad de utilizar prefijos multiplicadores.

Fórmula	Nombre
NH_4Cl	cloruro de amonio
$(NH_4)_2S$	sulfuro de amonio

Comprenda que:

Otros compuestos pseudobinarios pueden formularse y nombrarse mediante las nomenclaturas vistas conociendo la fórmula y los nombres de los iones.

Ejercicio 4.2

Complete la siguiente tabla:

Fórmula	Nombre
KCN	
	cianuro de amonio
NH_4Br	
	fosfuro de amonio

---

[2]Incluimos aquí el HCN, cianuro de hidrógeno, que es un compuesto molecular. La disolución acuosa de cianuro de hidrógeno tiene carácter ácido y tiene por nombre ácido cianhídrico. El ácido cianhídrico no se trata, pues, de una sustancia pura.

Respuesta:

Fórmula	Nombre
KCN	cianuro de potasio
NH_4CN	cianuro de amonio
NH_4Br	bromuro de amonio
$(NH_4)_3P$	fosfuro de amonio

Ejercicio 4.3
Complete la siguiente tabla:

Fórmula	Nombre
	hidróxido de magnesio
$Co(OH)_3$	
	hidróxido de rubidio
NH_4OH	
	hidróxido de níquel(II)
$Al(OH)_3$	
	cianuro de bario
AuCN	
	yoduro de amonio
$(NH_4)_4C$	

Respuesta:

Fórmula	Nombre
$Mg(OH)_2$	hidróxido de magnesio
$Co(OH)_3$	hidróxido de cobalto(III), trihidróxido de cobalto, hidróxido de cobalto(3+)
RbOH	hidróxido de rubidio
NH_4OH	hidróxido de amonio
$Ni(OH)_2$	hidróxido de níquel(II)
$Al(OH)_3$	hidróxido de aluminio, |trihidróxido de aluminio|
$Ba(CN)_2$	cianuro de bario
AuCN	cianuro de oro(I), cianuro de oro(1+), monocianuro de oro, |cianuro de oro|
NH_4I	yoduro de amonio
$(NH_4)_4C$	carburo de amonio

Capítulo 5

Oxoácidos

Los oxoácidos son compuestos que contienen, en general, uno o más átomos centrales de un elemento que casi siempre es un no metal, átomos de oxígeno y de hidrógeno. Los átomos de hidrógeno están unidos normalmente a los átomos de oxígeno, de ahí el carácter ácido de estos compuestos.

Según las recomendaciones de la IUPAC de 2005, podemos nombrarlos mediante nombres vulgares, mediante la nomenclatura de adición y mediante la de hidrógeno.[1]

5.1. Nombres vulgares

La ordenación de los átomos en la fórmulas para los nombres vulgares es la siguiente:

hidrógenos ácidos-átomo central-hidrógenos no ácidos-oxígeno

Se nombran con la palabra 'ácido' seguida a veces de prefijos ('hipo-' o 'per-'); a continuación, la raíz del átomo central, para terminar todas las veces con un sufijo ('-oso' o '-ico'). Que se empleen unos y otros dependerá de los números de oxidación que tenga el átomo del elemento central y de la posición que ocupe el número de oxidación dentro de todos los que el elemento tiene, como podemos observar en la tabla siguiente:

---

[1]Según el libro *Nomenclatura de Química Inorgánica. Recomendaciones de la IUPAC 2005*, los nombres vulgares de los ácidos se mantienen porque se utilizan habitualmente (ácido sulfúrico, ácido nítrico, etc.), además de que se usan como estructuras progenitoras en la nomenclatura de algunos derivados orgánicos.

Números de oxidación	'hipo- -oso'	'-oso'	'-ico'	'per- -ico'
Uno			Único	
Dos		Más bajo	Más alto	
Tres	Más bajo	Intermedio	Más alto	
Cuatro	Más bajo	Segundo	Tercero	Más alto

Elementos / Números de oxidación	'hipo- -oso'	'-oso'	'-ico'	'per- -ico'
Halógenos (Cl, Br, I)	+1	+3	+5	+7
Calcógenos (S, Se, Te)		+4	+6	
Pnictógenos (N, P, As y Sb)		+3	+5	
C y Si			+4	
Boro			+3	
Manganeso			+6	+7
Cromo		+3	+6	

¿Cómo obtenemos, en general, la fórmula de un oxoácido?

Siguiendo la regla siguiente: al átomo del elemento central, cuyo número de oxidación debemos deducir por el nombre del compuesto, se le añaden tantos átomos de oxígeno (n.o.= −2) como se requiera para superar el número de oxidación del elemento central. A continuación, se le añade un cierto número de átomos de hidrógeno (n.o.= +1) para que la suma algebraica de los números de oxidación de la molécula sea cero.

- Ácido perclórico

El cloro (grupo 17) actúa con número de oxidación +7 (el más alto de los cuatro que tiene):

$$\overset{+7}{Cl} \xrightarrow{4O} \overset{+7\ 4(-2)}{Cl\ O_4} \xrightarrow{1H} \overset{+1\ +7\ 4(-2)}{H\ ClO_4} \Rightarrow \boxed{HClO_4}$$

De la misma forma podemos obtener los ácidos perbrómico y peryódico. Con la misma regla obtenemos el resto de los oxoácidos del Cl, Br y I.

- Ácido sulfúrico

El azufre (grupo 16) actúa con número de oxidación +6 (el más alto de los dos que tiene):

$$\overset{+6}{S} \xrightarrow{4O} \overset{+6\ 4(-2)}{S\ O_4} \xrightarrow{2H} \overset{2(+1)+6\ 4(-2)}{H_2\ SO_4} \Rightarrow \boxed{H_2SO_4}$$

5.1. NOMBRES VULGARES

De la misma forma podemos obtener los ácidos selénico y telúrico. Con la misma regla obtenemos el resto de los oxoácidos del S, Se y Te.

- Ácido nitroso

El nitrógeno (grupo 15) actúa con número de oxidación +3 (el más bajo de los dos que tiene):

$$\overset{+3}{N} \xrightarrow{2O} \overset{+3\ 2(-2)}{N\ O_2} \xrightarrow{H} \overset{1(+1)+3\ 2(-2)}{H\ NO_2} \Rightarrow \boxed{HNO_2}$$

Con la misma regla obtenemos el ácido nítrico.

- Ácido carbónico

El carbono (grupo 14) actúa con número de oxidación +4 (el único que tiene):

$$\overset{+4}{C} \xrightarrow{3O} \overset{+4\ 3(-2)}{C\ O_3} \xrightarrow{2H} \overset{2(+1)+4\ 3(-2)}{H_2\ CO_3} \Rightarrow \boxed{H_2CO_3}$$

En la siguiente tabla se muestran algunos de los oxoácidos que podemos obtener mediante la regla anteriormente enunciada y su nombre vulgar. Como se observa, según las recomendaciones de la IUPAC del 2005, los nombres ácido crómico, ácido mangánico y ácido permangánico no están aceptados. Por eso figuran en la tabla con su nombre tachado. En próximos apartados veremos su nombre sistemático mediante distintas nomenclaturas. Hasta entonces, nos referiremos a ellos con sus nombres tachados.

Fórmula	Nombre vulgar	Fórmula	Nombre tradicional
HClO	ácido hipocloroso	H_2SeO_4	ácido selénico
$HClO_2$	ácido cloroso	H_2SeO_3	ácido selenoso
$HClO_3$	ácido clórico	H_2CrO_4	ácido crómico
$HBrO_4$	ácido perbrómico	H_2TeO_3	ácido teluroso
HIO_2	ácido yodoso	H_2TeO_4	ácido telúrico
HNO_3	ácido nítrico	$HMnO_4$	ácido permangánico
H_3SO_3	ácido sulfuroso	H_2MnO_4	ácido mangánico

- Ácido permangánico

El manganeso actúa con número de oxidación +7 (el mayor de los dos que tiene):

$$\overset{+7}{\text{Mn}} \xrightarrow{4\text{O}} \overset{+7\ 4(-2)}{\text{Mn O}_4} \xrightarrow{\text{H}} \overset{1(+1)+7\ 4(-2)}{\text{H MnO}_4} \Rightarrow \boxed{\text{HMnO}_4}$$

Con la misma regla obtenemos el ~~ácido crómico~~.

> **? Usted se pregunta:**
>
> ¿Por qué a pesar de que no estén admitidos los nombres de ácido crómico y ácido permangánico nos estamos refiriendo ellos con sus nombres tachados?
>
> - Porque, como veremos más adelante, los nombres vulgares de los iones procedentes de los ácidos se construyen a partir del nombre de los ácidos cambiando el sufijo '-ico' por '-ato' (y el '-oso' por '-ito') y sí van a estar admitidos los nombres cromato y permanganato.

¿Cómo obtenemos el nombre de un oxoácido a partir de su fórmula?

Supongamos que queremos escribir el nombre del H_2SeO_3. Para ello, tenemos que calcular el número de oxidación del selenio en el compuesto. Sabemos que el número del oxidación del hidrógeno es $+1$ y el del oxígeno, -2:

$$\overset{2(+1)+x\ 3(-2)}{H_2\ SeO_3}$$

Como la suma de los números de oxidación de los átomos de la molécula es cero:

$$2(+1) + x + 3(-2) = 0 \Rightarrow x = +4$$

El selenio tiene dos números de oxidación para formar ácidos: $+4$ y $+6$. Vemos que actúa con el menor, luego la terminación es '-oso'. Se trata, por tanto, del ácido selenoso.

> **Ejercicio 5.1**
> Deduzca:
>
> a) La fórmula del ácido yodoso.
>
> b) El nombre del ácido de fórmula HNO_3.

Respuesta:

a) En el ácido yodoso, el yodo (grupo 17) actúa con número de oxidación +3 (el segundo de los cuatro que tiene). Seguimos la regla: se le añaden al yodo tantos átomos de oxígeno (n.o.= -2) como se requiera para superar su número de oxidación. A continuación, se le añade un cierto número de átomos de hidrógeno (n.o.= $+1$) para que la suma algebraica de los números de oxidación de la molécula sea cero:

$$\overset{+3}{I} \xrightarrow{2\,O} \overset{+3\;2(-2)}{I\,O_2} \xrightarrow{1\,H} \overset{+1\;+3\;2(-2)}{H\;I O_2}$$

La fórmula del ácido yodoso es HIO_2.

b) Calculamos el número de oxidación del nitrógeno en HNO_3. Sabemos que el n.o del hidrógeno es $+1$ y el del oxígeno, -2:

$$\overset{1(+1)+x\,3(-2)}{H\;NO_3}$$

Como la suma de los números de oxidación de los átomos de la molécula es cero:

$$1(+1) + x + 3(-2) = 0 \Rightarrow x = +5$$

El nitrógeno (grupo 15) tiene dos números de oxidación para formar ácidos: $+3$ y $+5$. Vemos que actúa con el mayor, luego la terminación es '-ico'. Se trata, por tanto, del ácido nítrico.

5.1.1. Oxoácidos 'meta' y 'orto'

Los prefijos 'meta-' y 'orto-' se utilizan para distinguir los oxoácidos de un mismo ácido que se diferencian por el 'contenido en agua' (en realidad, se diferencian en el número de átomos de hidrógeno y oxígeno). Los ácidos 'meta' tienen menos 'contenido en agua' que los 'orto'. De acuerdo con las recomendaciones de 2005:

- Se suprimen los prefijos 'orto-' para los ácidos fosfórico (por extensión, también los prefijos de los ácidos arsénico y antimónico), bórico y silícico porque no hay ambigüedad con los nombres sin el 'orto-' y se consideran, por tanto, innecesarios.

- Los casos donde los prefijos 'orto-' distinguen dos compuestos diferentes son los de los ácidos telúrico y peryódico y sus aniones correspondientes.

¿Cómo obtenemos los oxoácidos 'meta'?

Mediante la regla vista para los otros oxoácidos.

- Ácido metabórico

El boro tiene número de oxidación +3, el único que tiene:

$$\overset{+3}{B} \xrightarrow{2O} \overset{+3\ 2(-2)}{BO_2} \xrightarrow{1H} \overset{+1\ +3\ 2(-2)}{H\ BO_2} \Rightarrow \boxed{HBO_2}$$

En realidad, el ácido metabórico es un polímero de fórmula $(HBO_2)_n$.

Con la misma regla obtenemos los ácidos metasilícico y metafosfórico, en los que el silicio y el fósforo actúan con números de oxidación +4 y +5, respectivamente. Ambos son también compuestos poliméricos como el ácido metabórico.

¿Cómo obtenemos los ácidos bórico, silícico y fosfórico (y por extensión, los ácidos arsénico y antimónico)?

Estos oxoácidos tienen mayor 'contenido en agua' que los 'meta' respectivos. Los obtenemos mediante la regla, pero hemos de introducir un cambio: tenemos que añadir primero un átomo de oxígeno más de la cuenta (un átomo más del número que supera el número de oxidación del átomo central) y añadir después el número de hidrógenos suficientes para que la suma algebraica de los números de oxidación de la molécula sea cero:

- Ácido bórico

$$\overset{+3}{B} \xrightarrow{3O} \overset{+3\ 3(-2)}{BO_3} \xrightarrow{3H} \overset{3(+1)+3\ 3(-2)}{H_3\ BO_3} \Rightarrow \boxed{H_3BO_3}$$

O, simplemente, a partir del 'meta', añadiéndole una molécula de agua:

$$HBO_2 + H_2O \rightarrow H_3BO_3$$

- Ácido silícico

$$\overset{+4}{Si} \xrightarrow{4O} \overset{+4\ 4(-2)}{SiO_4} \xrightarrow{4H} \overset{4(+1)+4\ 4(-2)}{H_4\ SiO_4} \Rightarrow \boxed{H_4SiO_4}$$

O, simplemente, a partir del 'meta', añadiéndole una molécula de agua:

$$H_2SiO_3 + H_2O \rightarrow H_4SiO_4$$

De manera análoga se obtienen los ácidos fosforoso, arsenoso y antimonoso, en los que el no metal central actúa con número de oxidación +3.

5.1. NOMBRES VULGARES

> **Ejercicio 5.2**
> Deduzca:
>
> a) La fórmula del ácido fosfórico.
>
> b) El nombre del ácido de fórmula H$_3$AsO$_3$.

Respuesta:

a) En el ácido fosfórico, el fósforo (grupo 15) actúa con número de oxidación +5 (el mayor de los dos que tiene). Seguimos la regla con la alteración: tenemos que añadir primero un átomo de oxígeno más de la cuenta (un átomo más del número que supera el número de oxidación del átomo de fósforo) y añadir después el número de hidrógenos suficientes para que la suma algebraica de los números de oxidación de la molécula sea cero:

$$\overset{+5}{P} \xrightarrow{4\,O} \overset{+5\ \ 4(-2)}{P\,O_4} \xrightarrow{3\,H} \overset{3(+1)+5\ 4(-2)}{H_3\,PO_4}$$

La fórmula del ácido fosfórico es H$_3$PO$_4$.

b) Calculamos el número de oxidación del arsénico en H$_3$AsO$_3$. Sabemos que el n.o del hidrógeno es +1 y el del oxígeno, −2:

$$\overset{3(+1)+x\ 3(-2)}{H_3\ AsO_3}$$

Como la suma de los números de oxidación de los átomos de la molécula es cero:

$$3(1) + x + 3(-2) = 0 \Rightarrow x = +3$$

El arsénico (grupo 15) tiene dos números de oxidación para formar ácidos: +3 y +5. Vemos que actúa con el menor, luego la terminación es '-oso'. Se trata, por tanto, del ácido arsenoso.

¿Cómo obtenemos los oxoácidos 'orto'?

Mediante la regla, pero ahora incluso tenemos que añadir primero dos átomos de oxígeno más de la cuenta (dos átomos más del número que supera el número de oxidación del átomo central) y añadir después el número de hidrógenos suficientes para que la suma algebraica de los números de oxidación sea cero:

- Ácido ortoperyódico

El yodo actúa con número de oxidación +7, el más alto de los que tiene:

$$\overset{+7}{I} \xrightarrow{6\,O} \overset{+7\,6(-2)}{I\,O_6} \xrightarrow{5\,H} \overset{5(+1)+7\,6(-2)}{H_5\,IO_6} \Rightarrow \boxed{H_5IO_6}$$

O, simplemente, a partir del ácido peryódico, añadiéndole dos moléculas de agua:

$$HIO_4 + 2\,H_2O \rightarrow H_5IO_6$$

- Ácido ortotelúrico

El telurio actúa con número de oxidación +6, el más alto de los que tiene:

$$\overset{+6}{Te} \xrightarrow{6\,O} \overset{+6\;6(-2)}{Te\,O_6} \xrightarrow{6\,H} \overset{6(+1)+6\,6(-2)}{H_6\,TeO_6} \Rightarrow \boxed{H_6TeO_6}$$

O, simplemente, a partir del ácido telúrico, añadiéndole dos moléculas de agua.

Fórmula	Nombre vulgar	Fórmula	Nombre vulgar
$(H_2SiO_3)_n$	ácido metasilícico	H_3SbO_3	ácido antimonoso
$(HPO_3)_n$	ácido metafosfórico	H_3AsO_4	ácido arsénico
H_3PO_3	ácido fosforoso	H_3SbO_4	ácido antimónico

Figura 5.1: Nombres de vulgares de algunos oxoácidos meta y otros

5.1.2. Oxoácidos 'di' y 'tri'

Los oxoácidos 'di' contienen dos átomos del elemento central en la fórmula. Nos referimos en este apartado a los ácidos difosforoso, difosfórico, disulfuroso, disulfúrico y disilícico. Según las recomendaciones de 2005, no está aceptado el nombre de ácido dicrómico; sin embargo, lo formularemos con su nombre tachado porque sí es válido el nombre del anión dicromato.

Los oxoácidos 'tri' contienen tres átomos del elemento central en la fórmula. El ejemplo más importante es el ácido trifosfórico.

¿Cómo obtenemos las fórmulas de los oxoácidos 'di' y 'tri'?

A partir del ácido correspondiente: si le quitamos a dos moléculas del ácido una molécula de agua, obtenemos el 'di'; si le quitamos a tres moléculas del ácido dos moléculas de agua, obtenemos el 'tri':

5.1. NOMBRES VULGARES

- Ácido difosfórico

$$2\,H_3PO_4 - H_2O \rightarrow H_4P_2O_7$$

- Ácido trifosfórico

$$3\,H_3PO_4 - 2H_2O \rightarrow H_5P_3O_{10}$$

Fórmula	Nombre vulgar	Fórmula	Nombre vulgar
$H_2S_2O_7$	ácido disulfúrico	$H_6Si_2O_7$	ácido disilícico
$H_2S_2O_5$	ácido disulfuroso	$H_2Cr_2O_7$	ácido dicrómico

Figura 5.2: Nombres vulgares de algunos oxoácidos 'di'

> **Recuerde:**
> Según las recomendaciones de la IUPAC, los nombres vulgares como ácido crómico, ácido dicrómico y ácido permangánico no están aceptados. Tampoco lo está el nombre vulgar de ácido mangánico.

5.1.3. Derivados de oxoácidos progenitores

Existen ciertos oxoácidos importantes (y sus aniones) cuyas moléculas podemos obtenerlas formalmente mediante un reemplazo de los grupos $=O$ u $-OH$ de ciertos oxoácidos progenitores (como $O \rightarrow OO$, $O \rightarrow S$, $OH \rightarrow Cl$, etc.), para los que la IUPAC admite nombres vulgares mediante la utilización de prefijos o infijos. Así, 'tio' se refiere al reemplazo $O \rightarrow S$; 'peroxi', al $O \rightarrow OO$; 'clorur(o)', al $OH \rightarrow Cl$; etc. Si todos los OH de un oxoácido son reemplazados, el compuesto ya no es un ácido y se nombra con un nombre de clase funcional, como es el caso del cloruro de tionilo, que aparece en la tabla siguiente.

Fórmula	Progenitor	Reemplazo	Fórmula	Derivado
HNO_3	ácido nítrico	$O \rightarrow OO$	HNO_4	ácido peroxinítrico
H_3PO_4	ácido fosfórico	$O \rightarrow OO$	H_3PO_5	ácido peroxifosfórico
H_2SO_4	ácido sulfúrico	$O \rightarrow OO$	H_2SO_5	ácido peroxisulfúrico
$H_2S_2O_7$	ácido disulfúrico	$O \rightarrow OO$	$H_2S_2O_8$	ácido peroxidisulfúrico
H_2SO_4	ácido sulfúrico	$O \rightarrow S$	$H_2S_2O_3$	ácido tiosulfúrico
HOCN	ácido ciánico	$O \rightarrow S$	HSCN	ácido tiociánico
HNCO	ácido isociánico	$O \rightarrow S$	HNCS	ácido isotiociánico
H_2SO_3	ácido sulfuroso	$OH \rightarrow Cl$	$SOCl_2$	cloruro de tionilo

> **Usted debe saber que:**
>
> Determinadas especies químicas pueden considerarse formalmente como **entidades de coordinación**, como las que existen en los compuestos de coordinación o complejos. Todas estas entidades se formulan y se nombran de una manera particular que se conoce como **nomenclatura de adición**. Algunas de estas especies químicas son los oxoácidos, las oxosales, las sales pseudobinarias y otras, cuya característica principal, al igual que los complejos, es que pueden describirse como un grupo de iones o moléculas (ligandos) que se agrupan alrededor de uno o varios átomos centrales.
>
> Para el caso más simple de una entidad con un solo átomo central, su símbolo se coloca en primer lugar y, después, las fórmulas de los ligandos por orden alfabético (mejor, alfanumérico), salvo que se ordenen de otra manera para dar una información estructural. La fórmula del ligando debe escribirse de manera que el átomo dador esté lo más próximo al átomo central. La entidad de coordinación, esté cargada o no, puede ir encerrada entre corchetes. Solo en el caso de que el átomo central sea de transición, el grupo de átomos debe estar encerrado entre corchetes.
>
> Ejemplos:
>
> 1. $[PtCl_2(OH_2)_2]^{2+}$
>
> Se trata de un catión de un compuesto de coordinación. Pt es el átomo central de la entidad de coordinación y Cl y H_2O, los ligandos, ordenados alfabéticamente.
>
> 2. $[SO_2(OH)_2]$ o $SO_2(OH)_2$ (ordenación para nombres vulgares, H_2SO_4)
>
> Se trata de una entidad neutra, un oxoácido concretamente. S es el átomo central de la entidad y O y OH, los ligandos, ordenados alfabéticamente.
>
> 3. $[VOCl_2]$ o $VOCl_2$ (alfabéticamente, VCl_2O)
>
> Se trata de una entidad neutra en la que el grupo atómico VO actúa como átomo central de la entidad de coordinación. Cl es el ligando.
>
> 4. $[C(N)(SH)]$ (compuesto en cadena, HSCN)[a]
>
> Se trata de una entidad neutra. C es el átomo central y N y SH, los ligandos.
>
> ---
>
> [a] En determinados compuestos, como los compuestos en cadena, la secuencia de los elementos obedece al orden en que están unidos los átomos y no sigue el criterio de la ordenación por electronegatividades o la alfabética.

5.1.4. Oxoácidos tautómeros

Dos oxoácidos pueden tener la misma fórmula molecular y distinta fórmula estructural. Esto ocurre con el ácido fosforoso, H_3PO_3, y el ácido fosfónico, H_2PHO_3 (obsérvese que tienen distinta fórmula estructural en línea). El primero tiene tres hidrógenos ácidos, mientras que el segundo solo tiene dos, pues un hidrógeno está unido directamente al fósforo. Ambas sustancias son interconvertibles (el equilibrio está desplazado ampliamente hacia el ácido fosfónico). El término 'ácido fosforoso' se ha estado utilizando en la bibliografía para las dos sustancias.

ácido fosfónico   ácido fosforoso

5.2. Nomenclatura de adición

Para nombrar un oxoácido a partir de la fórmula, debemos conocer su estructura a través de su fórmula estructural, que nos indica las uniones que establece el átomo central (o los átomos centrales) con los ligandos o grupos atómicos a los que se une.

La fórmula estructural de adición para el ácido sulfúrico es $[SO_2(OH)_2]$.

Esta fórmula nos indica que el átomo de azufre establece dos uniones con ligandos óxidos, O^{2-}, y otras dos uniones con ligandos hidróxidos, OH^-. La fórmula estructural desarrollada (a la derecha) nos informa de la naturaleza de esas uniones: dos enlaces dobles $S = O$ y otros dos enlaces sencillos $S - OH$.

La fórmula estructural de un oxoácido sencillo consta del átomo central seguido por los ligandos ordenados alfabéticamente por su fórmula: H (hidruro), O (óxido) y OH (hidróxido), encerrados todos por un corchete. Si el ligando está formado por un grupo de átomos, se separan del resto mediante un paréntesis. Para especificar el número de un determinado ligando, se utilizan subíndices.

Para nombrar un oxoácido a partir de la fórmula estructural se citan los nombres de los ligandos ordenados alfabéticamente por su nombre antes del nombre del átomo central, sin tener en cuenta la carga de los ligandos. Se utilizan prefijos multiplicadores sencillos 'di-', 'tri-', 'tetra-', etc. No se acentúa ningún nombre de ligando, aunque se lee como si tuviese el acento.

Para el ácido sulfúrico, el nombre de adición es: dihidroxidodioxidoazufre.

O^{2-}	óxido	S^{2-}	sulfuro	N^{3-}	nitruro
OH^-	hidróxido	Cl^-	cloruro	NH_2^-	amido
H^-	hidruro	O_2^{2-}	peróxido	OOH^-	dioxidanuro

Figura 5.3: Principales ligandos en los oxoácidos

Ejercicio 5.3

Conocidas las fórmulas estructurales del ácido fosforoso y del ácido fosfónico, que aparecen en la página anterior, escriba:

a) Sus fórmulas de adición.

b) Sus nombres de adición.

Respuesta:

a) En el ácido fosforoso el átomo fósforo establece tres enlaces sencillos con ligandos hidróxidos (P – OH), mientras que en el ácido fosfónico el átomo fósforo establece dos enlaces sencillos con ligandos hidróxidos, uno sencillo con un ligando hidruro (P – H) y otro doble con un ligando óxido (P = O), luego sus fórmulas de adición son [P(OH)$_3$] y [PHO(OH)$_2$], respectivamente.

b) El nombre del ácido fosforoso es trihidroxidofósforo y el del ácido fosfónico es dihidroxidohidrurooxidofósforo.

Fórmula	Nomenclatura aditiva
HIO_2 = [IO(OH)]	hidroxidooxidoyodo
H_2SO_3 = [SO(OH)$_2$]	dihidroxidooxidoazufre
HNO_3 = [NO$_2$(OH)]	hidroxidodioxidonitrógeno
$HClO_4$ = [ClO$_3$(OH)]	hidroxidotrioxidocloro

Figura 5.4: Nombres de algunos oxoácidos mediante la nomenclatura de adición

5.2. NOMENCLATURA DE ADICIÓN

5.2.1. Nomenclatura de adición para oxoácidos con dos átomos centrales

Cuando un ácido presenta dos entidades nucleares simétricas, pueden nombrarse estas entidades siguiendo la nomenclatura de adición. Para indicar que son dos entidades, se introduce el nombre entre paréntesis y se utiliza el prefijo 'bis-'. Delante, separado por un guion, se nombra el elemento que sirve de puente. Este elemento se nombra anteponiéndole la letra griega μ, separada por un guion. Generalmente, en estos compuestos es el oxígeno y se nombra como 'óxido'.

Ejemplos:

$H_2S_2O_7 = [(OH)S(O)_2OS(O)_2(OH)]$
μ-óxido-bis(hidroxidodioxidoazufre)
ácido disulfúrico

$H_4P_2O_7 = [(OH)_2P(O)OP(O)(OH)_2]$
μ-óxido-bis(dihidroxidooxidofósforo)
ácido difosfórico

 Ejercicio 5.4

Complete la siguiente tabla correspondiente al ácido disilícico, ácido dicrómico y ácido difosfónico:

Fórmula	Nomenclatura aditiva
$H_6Si_2O_7 = [(OH)_3SiOSi(OH)_3]$	
$H_2Cr_2O_7 = [(OH)Cr(O)_2OCr(O)_2(OH)]$	
$H_2P_2H_2O_5 = [(OH)P(H)(O)OP(H)(O)(OH)]$	

Respuesta:

Fórmula	Nomenclatura aditiva
$H_6Si_2O_7 = [(OH)_3SiOSi(OH)_3]$	μ-óxido-bis(trihidroxidosilicio)
$H_2Cr_2O_7 = [(OH)Cr(O)_2OCr(O)_2(OH)]$	μ-óxido-bis(hidroxidodioxidocromo)
$H_2P_2H_2O_5 = [(OH)P(H)(O)OP(H)(O)(OH)]$	μ-óxido-bis(hidroxidohidrurooxidofósforo)

5.2.2. Nomenclatura de adición para oxoácidos poliméricos

Oxoácidos como el ácido metabórico, el ácido metasilícico y el ácido metafosfórico son en realidad polímeros en los que se repite n veces un grupo atómico. Para mostrar los enlaces entre las unidades repetitivas, la unidad repetitiva se encierra entre paréntesis tachados con el guion que representa el enlace superpuesto a los paréntesis.

En su nombre de adición se reflejan la estructura de cadena (*catena*), la repetición de la unidad repetitiva ('poli') y la unidad repetitiva entre corchetes en la que figuran los ligandos por orden alfabético, con el prefijo multiplicador que le corresponda y el término μ-óxido para reflejar que el oxígeno actúa como puente entre las unidades repetitivas.

Fórmula	Nomenclatura aditiva
$(HBO_2)_n = (B(OH)O)_n$	*catena*-poli[hidroxidoboro-μ-óxido]
$(H_2SiO_3)_n = (Si(OH)_2O)_n$	*catena*-poli[dihidroxidosilicio-μ-óxido]
$(HPO_3)_n = (P(O)(OH)O)_n$	*catena*-poli[hidroxidooxidofósforo-μ-óxido]

5.3. Nomenclatura de hidrógeno

Esta nomenclatura no está considerada dentro de las básicas. Se puede utilizar para oxoácidos e iones que contienen hidrógeno. Oxoácidos como H_2MnO_4, $HMnO_4$, H_2CrO_4 y $H_2Cr_2O_7$, cuyos nombres tradicionales (ácido mangánico, ácido permangánico, ácido crómico y ácido dicrómico, respectivamente) no son aceptados, se pueden nombrar mediante esta nomenclatura.

Los oxoácidos se nombran anteponiendo a la palabra 'hidrógeno' (escrita sin acento, pero leída con el énfasis en la sílaba 'dro') con un prefijo multiplicador, si procede, unida sin espacio al nombre del anión obtenido por la nomenclatura de adición y encerrado entre parénteis.

Ejemplo: H_2SO_4

Su nombre de hidrógeno es:

$$\text{dihidrogeno(tetraoxidosulfato)}$$

La nomenclatura de hidrógeno es útil cuando desconocemos o no queremos expresar la conectividad (las posiciones de unión de los hidrógenos) en el oxoácido

5.3. NOMENCLATURA DE HIDRÓGENO

y no sirve, por tanto, para distinguir entre dos tautómeros, como es el caso de los ácidos fosforoso y fosfónico, vistos anteriormente.

Fórmula	Nomenclatura aditiva
HIO_2	hidrogeno(dioxidoyodato)
H_2SO_3	dihidrogeno(trioxidosulfato)
H_6TeO_6	hexahidrogeno(hexaoxidotelurato)
H_2SeO_4	dihidrogeno(tetraoxidoselenato)
$H_2Cr_2O_7$	dihidrogeno(heptaoxidodicromato)
$HMnO_4$	hidrogeno(tetraoxidomanganato)

Ejercicio 5.5
Complete la siguiente tabla:

Fórmula	Nomenclatura de hidrógeno
H_4SiO_4	
	hidrogeno(tetraoxidoclorato)
H_3AsO_3	
	dihidrogeno(trioxidocarbonato)
H_2MnO_4	

Respuesta:

Fórmula	Nomenclatura de hidrógeno
H_4SiO_4	tetrahidrogeno(tetraoxidosilicato)
$HClO_4$	hidrogeno(tetraoxidoclorato)
H_3AsO_3	trihidrogeno(trioxidoarsenato)
H_2CO_3	dihidrogeno(trioxidocarbonato)
H_2MnO_4	dihidrogeno(tetraoxidomanganato)

Recuerde:
Para nombrar oxoácidos cuyo nombre vulgar no está permitido por las normas de la IUPAC y de aquellos de los que desconocemos su fórmula estructural, podemos emplear la nomenclatura de hidrógeno.

5.4. Nomenclatura comparada de los principales oxoácidos

5.4.1. Oxoácidos de los halógenos

Fórmula	n.o.	Nombre vulgar	De hidrógeno	De adición
$HClO = [Cl(OH)]$	+1	ácido hipocloroso	hidrogeno(oxidoclorato)	hidroxidocloro
$HClO_2 = [ClO(OH)]$	+3	ácido cloroso	hidrogeno(dioxidoclorato)	hidroxidooxidocloro
$HClO_3 = [ClO_2(OH)]$	+5	ácido clórico	hidrogeno(trioxidoclorato)	hidroxidodioxidocloro
$HClO_4 = [ClO_3(OH)]$	+7	ácido perclórico	hidrogeno(tetraoxidoclorato)	hidroxidotrioxidocloro
$HBrO = [Br(OH)]$	+1	ácido hipobromoso	hidrogeno(oxidobromato)	hidroxidobromo
$HBrO_2 = [BrO(OH)]$	+3	ácido bromoso	hidrogeno(dioxidobromato)	hidroxidooxidobromo
$HBrO_3 = [BrO_2(OH)]$	+5	ácido brómico	hidrogeno(trioxidobromato)	hidroxidodioxidobromo
$HBrO_4 = [BrO_3(OH)]$	+7	ácido perbrómico	hidrogeno(tetraoxidobromato)	hidroxidotrioxidobromo
$HIO = [I(OH)]$	+1	ácido hipoyodoso	hidrogeno(oxidoyodato)	hidroxidoyodo
$HIO_2 = [IO(OH)]$	+3	ácido yodoso	hidrogeno(dioxidoyodato)	hidroxidooxidoyodo
$HIO_3 = [IO_2(OH)]$	+5	ácido yódico	hidrogeno(trioxidoyodato)	hidroxidodioxidoyodo
$HIO_4 = [IO_3(OH)]$	+7	ácido peryódico	hidrogeno(tetraoxidoyodato)	hidroxidotrioxidoyodo
$H_5IO_6 = [IO(OH)_5]$	+7	ácido ortoperyódico	pentahidrogeno(hexaoxidoyodato)	pentahidroxidooxidoyodo

5.4.2. Oxoácidos de los calcógenos o elementos del grupo del azufre

Fórmula	n.o.	Nombre vulgar	De hidrógeno	De adición
$H_2SO_3 = [SO(OH)_2]$	+4	ácido sulfuroso	dihidrogeno(trioxidosulfato)	dihidroxidooxidoazufre
$H_2SO_4 = [SO_2(OH)_2]$	+6	ácido sulfúrico	dihidrogeno(tetraoxidosulfato)	dihidroxidodioxidoazufre
$H_2S_2O_7 = [(HO)S(O)_2OS(O)_2(OH)]$	+6	ácido disulfúrico	dihidrogeno(heptaoxidodisulfato)	μ-óxido-bis(hidroxidodioxidoazufre)
$H_2SeO_3 = [SeO(OH)_2]$	+4	ácido selenoso	dihidrogeno(trioxidoselenato)	dihidroxidooxidoselenio

5.4. NOMENCLATURA COMPARADA DE LOS PRINCIPALES OXOÁCIDOS

Fórmula	n.o.	Nombre vulgar	De hidrógeno	De adición
$H_2SeO_4 = [SeO_2(OH)_2]$	+6	ácido selénico	dihidrogeno(tetraoxidoselenato)	dihidroxidodioxidoselenio
$H_2TeO_3 = [TeO(OH)_2]$	+4	ácido teluroso	dihidrogeno(trioxidotelurato)	dihidroxidooxidotelurio
$H_2TeO_4 = [TeO_2(OH)_2]$	+6	ácido telúrico	dihidrogeno(tetraoxidotelurato)	dihidroxidodioxidotelurio
$H_6TeO_6 = [Te(OH)_6]$	+6	ácido ortotelúrico	hexahidrogeno(hexaoxidotelurato)	hexahidroxidotelurio

5.4.3. Oxoácidos de los nictógenos o elementos del grupo del nitrógeno

Fórmula	n.o.	Nombre vulgar	De hidrógeno	De adición
$HNO_2 = [NO(OH)]$	+3	ácido nitroso	hidrogeno(dioxidonitrato)	hidroxidooxidonitrógeno
$HNO_3 = [NO_2(OH)]$	+5	ácido nítrico	hidrogeno(trioxidonitrato)	hidroxidodioxidonitrógeno
$H_3PO_3 = [P(OH)_3]$	+3	ácido fosforoso	trihidrogeno(trioxidofosfato)	trihidroxidofósforo
$H_2PHO_3 = [PHO(OH)_2]$	+3	ácido fosfónico	dihidrogeno(hidrurotrioxidofosfato)	dihidroxidohidrurooxidofósforo
$(HPO_3)_n = \{P(O)(OH)O\}_n$	+5	ácido metafosfórico	hidrogeno(trioxidofosfato)	catena-poli[hidroxido= oxofósforo-μ-óxido]
$H_3PO_4 = [PO(OH)_3]$	+5	ácido fosfórico	trihidrogeno(tetraoxidofosfato)	trihidroxidooxidofósforo
$H_4P_2O_7 = [(HO)_2P(O)OP(O)(OH)_2]$	+5	ácido difosfórico	tetrahidrogeno(heptaoxidodifosfato)	μ-óxido-bis(dihidroxidooxidofósforo)
$H_3AsO_3 = [As(OH)_3]$	+3	ácido arsenoso	trihidrogeno(trioxidoarsenato)	trihidroxidoarsénico
$H_3AsO_4 = [AsO(OH)_3]$	+5	ácido arsénico	trihidrogeno(tetraoxidoarsenato)	trihidroxidooxidoarsénico
$H_3SbO_3 = [Sb(OH)_3]$	+3	ácido antimonoso	trihidrogeno(trioxidoantimonato)	trihidroxidoantimonio
$H_3SbO_4 = [SbO(OH)_3]$	+5	ácido antimónico	trihidrogeno(tetraoxidoantimonato)	trihidroxidooxidoantimonio

5.4.4. Oxoácidos del carbono y del silicio

Fórmula	n.o.	Nombre vulgar	De hidrógeno	De adición
$H_2CO_3 = [CO_2(OH)]$	+4	ácido carbónico	dihidrogeno(trioxidocarbonato)	hidroxidodioxidocarbono
$H_4SiO_4 = [Si(OH)_4]$	+4	ácido silícico	tetrahidrogeno(tetraoxidosilicato)	tetrahidroxidosilicio

Fórmula	n.o.	Nombre vulgar	De hidrógeno	De adición
$(H_2SiO_3)_n = \{Si(OH)_2O\}_n$	+4	ácido metasilícico	dihidrogeno(trioxidosilicato)	*catena*-poli[dihidroxido=silicio-μ-óxido]
$H_6Si_2O_7 = [(OH)_3SiOSi(OH)_3]$	+4	ácido disilícico	hexahidrogeno(heptaoxidodisilicato)	μ-óxido-bis(trihidroxidosilicio)

5.4.5. Oxoácidos de boro, cromo y manganeso

Fórmula	n.o.	Nombre vulgar	De hidrógeno	De adición
$H_3BO_3 = [B(OH)_3]$	+3	ácido bórico	trihidrogeno(trioxidoborato)	trihidroxidoboro
$(HBO_2)_n = \{B(OH)O\}_n$	+3	ácido metabórico	hidrogeno(dioxidoborato)	*catena*-poli[hidroxido=boro-μ-óxido]
$H_2CrO_4 = [CrO_2(OH)_2]$	+6	ácido crómico	dihidrogeno(tetraoxidocromato)	dihidroxidodioxidocromo
$H_2Cr_2O_7 = [(HO)Cr(O)_2OCr(O)_2(OH)]$	+6	ácido dicrómico	dihidrogeno(heptaoxidodicromato)	μ-óxido-bis(hidroxidodioxidocromo)
$H_2MnO_4 = [MnO_2(OH)_2]$	+6	ácido mangánico	dihidrogeno(tetraoxidomanganato)	dihidroxidodioxidomanganeso
$HMnO_4 = [MnO_3(OH)]$	+7	ácido permangánico	hidrogeno(tetraoxidomanganato)	hidroxidotrioxidomanganeso

Capítulo 6

Iones heteropoliatómicos

6.1. Iones heteropoliatómicos derivados de hidruros progenitores

Nos referimos aquí solo a aquellos iones que se pueden obtener formalmente por la adición de uno o más hidrones, o por la pérdida de uno o más hidrones del hidruro progenitor mononuclear o polinuclear. Se nombran mediante la nomenclatura de sustitución y no requieren un número de carga, porque el nombre por sí mismo implica la carga.

Los que se obtienen por la adición de un hidrón al hidruro progenitor se nombran cambiando la terminación '-o' del hidruro progenitor por '-io'.

Ejemplos:

Fórmula	Nombre	Nombre del hidruro progenitor	Nombre vulgar
H_3O^+	oxidanio	oxidano	oxonio[1]
NH_4^+	azanio	azano	amonio
PH_4^+	fosfanio	fosfano	
$N_2H_5^+$	diazanio	diazano	hidrazinio

Un catión obtenido formalmente mediante la adición de dos o más hidrones a un hidruro progenitor se nombra añadiéndole los sufijos '-diio', '-triio', etc. sin la pérdida de la '-o' final al nombre del hidruro progenitor.

---
[1] No se admite el nombre vulgar de hidronio

Ejemplos:

H_4O^{2+}	oxidanodiio	NH_5^{2+}	azanodiio
H_5O^{3+}	oxidanotriio	PH_5^{3+}	fosfanotriio
$N_2H_6^{2+}$	diazanodiio	$P_2H_6^{2+}$	difosfanodiio

Un anión obtenido formalmente mediante la pérdida de uno o más hidrones de un hidruro progenitor se nombra añadiéndole los sufijos '-uro', '-diuro', etc., al nombre del hidruro progenitor, perdiendo la '-o' de la vocal final solamente cuando esta va antes de '-uro'. Algunos iones tienen nombres vulgares aceptados.

Ejemplos:

Fórmula	Nombre	Nombre del hidruro progenitor	Nombre vulgar
OH^-/HO^-	oxidanuro	oxidano	hidróxido
NH_2^-	azanuro	azano	amida
NH^{2-}	azanodiuro	azano	imida
SiH_3^-	silanuro	silano	
$N_2H_3^-$	diazanuro	diazano	hidrazinuro
$HN=N^-$	diazenuro	diazeno	

> **⚠ Recuerde:**
> La IUPAC acepta los nombres de oxonio, amonio e hidróxido para los iones H_3O^+, NH_4^+ y OH^-, respectivamente. No acepta los nombres de hidronio para H_3O^+ ni fosfonio para PH_4^+.

6.2. Aniones heteropoliatómicos derivados de oxoácidos

Son los iones que resultan formalmente de la pérdida de uno o varios hidrones de un oxoácido. Se pueden nombrar mediante varias nomenclaturas y algunos de ellos tienen nombres vulgares que están aceptados por la IUPAC.

6.2.1. Nombres vulgares de los oxoaniones resultante de la pérdida completa de hidrones

Estos nombres son los más utilizados para aquellos aniones que la IUPAC acepta. El nombre se obtiene a partir del nombre del oxoácido por la transformación de

6.2. ANIONES HETEROPOLIATÓMICOS DERIVADOS DE OXOÁCIDOS

los sufijos '-oso' e '-ico' del oxoácido en '-ito' y '-ato'.

Veamos algunos ejemplos:

- Iones hipoclorito, clorito, clorato y perclorato

  Resultan de la pérdida de un hidrón del ácido correspondiente:

  $$HClO \rightarrow H^+ + OCl^-$$
  ácido hipocloroso — hidrón — hipoclorito

  $$HClO_2 \rightarrow H^+ + ClO_2^-$$
  ácido cloroso — hidrón — clorito

  $$HClO_3 \rightarrow H^+ + ClO_3^-$$
  ácido clórico — hidrón — clorato

  $$HClO_4 \rightarrow H^+ + ClO_4^-$$
  ácido perclórico — hidrón — perclorato

  Reemplazando Cl por Br e I, obtenemos las fórmulas los oxoaniones del bromo y del yodo.[2]

- Iones sulfito y sulfato

  Resultan de la pérdida de dos hidrones del ácido correspondiente:

  $$H_2SO_3 \rightarrow 2H^+ + SO_3^{2-}$$
  ácido sulfuroso — hidrón — sulfito

  $$H_2SO_4 \rightarrow 2H^+ + SO_4^{2-}$$
  ácido sulfúrico — hidrón — sulfato

  Reemplazando S por Se y Te, obtenemos las fórmulas los oxoaniones del selenio y del telurio. No se acepta el nombre vulgar de telurito.

- Iones nitrito y nitrato

  Resultan de la pérdida de un hidrón del ácido correspondiente:

---

[2]El OCl^- y demás hipohalitos se formulan como una especie binaria y el oxígeno se pone antes que el halógeno, de acuerdo con la secuencia de la Tabla IV de las electronegatividades convencionales. Los demás oxoaniones se formulan como una entidad de coordinación y el símbolo del átomo central precede a los demás.

$$HNO_2 \rightarrow H^+ + NO_2^-$$
ácido nitroso → hidrón + nitrito

$$HNO_3 \rightarrow H^+ + NO_3^-$$
ácido nítrico → hidrón + nitrato

> **Ejercicio 6.1**
>
> a) Deduzca los oxoaniones deshidronados procedentes del ácido fosforoso y del ácido fosfórico. Escriba sus nombres.
>
> b) Deduzca el oxoanión deshidronado del ácido bórico y escriba su nombre.

Respuesta:

a) Resultan de la pérdida de tres hidrones del ácido correspondiente:

$$H_3PO_3 \rightarrow 3H^+ + PO_3^{3-}$$
ácido fosforoso → hidrón + fosfito

$$H_3PO_4 \rightarrow 3H^+ + PO_4^{3-}$$
ácido fosfórico → hidrón + fosfato

Reemplazando P por As y Sb, obtenemos las fórmulas los oxoaniones del arsénico y antimonio. No se aceptan los nombres vulgares de antimonato ni antimonito.

b) Resultan de la pérdida de tres hidrones del ácido correspondiente:

$$H_3BO_3 \rightarrow 3H^+ + BO_3^{3-}$$
ácido bórico → hidrón + borato

Aunque los ácidos de los que proceden los iones CrO_4^{2-}, $Cr_2O_7^{2-}$ y MnO_4^- no tienen nombres vulgares aceptados, se admiten para estos, los nombres de cromato, dicromato y permanganato, respectivamente.

- Cromato

  Resulta de la pérdida de dos hidrones del ácido correspondiente:

$$H_2CrO_4 \rightarrow 2H^+ + CrO_4^{2-}$$
~~ácido crómico~~ → hidrón + cromato

6.2. ANIONES HETEROPOLIATÓMICOS DERIVADOS DE OXOÁCIDOS

- Permanganato

    Resulta de la pérdida de un hidrón del ácido correspondiente:

    $$\underset{\text{ácido \sout{permangánico}}}{\text{HMnO}_4} \quad \rightarrow \quad \underset{\text{hidrón}}{\text{H}^+} \quad + \quad \underset{\text{permanganato}}{\text{MnO}_4^-}$$

> **Ejercicio 6.2**
> Deduzca la fórmula de los iones: a) carbonato; b) silicato; c) disulfato; d) dicromato.

Respuesta:

a) Carbonato

   Resulta de la pérdida de dos hidrones del ácido correspondiente:

   $$\underset{\text{ácido carbónico}}{\text{H}_2\text{CO}_3} \quad \rightarrow \quad \underset{\text{hidrón}}{2\text{H}^+} \quad + \quad \underset{\text{carbonato}}{\text{CO}_3^{2-}}$$

b) Silicato

   Resulta de la pérdida de cuatro hidrones del ácido correspondiente:

   $$\underset{\text{ácido silícico}}{\text{H}_4\text{SiO}_4} \quad \rightarrow \quad \underset{\text{hidrón}}{4\text{H}^+} \quad + \quad \underset{\text{silicato}}{\text{SiO}_4^{4-}}$$

c) Disulfato

   Resulta de la pérdida de dos hidrones del ácido correspondiente:

   $$\underset{\text{ácido disulfúrico}}{\text{H}_2\text{S}_2\text{O}_7} \quad \rightarrow \quad \underset{\text{hidrón}}{2\text{H}^+} \quad + \quad \underset{\text{disulfato}}{\text{S}_2\text{O}_7^{2-}}$$

d) Dicromato

   Resulta de la pérdida de dos hidrones del ácido correspondiente:

   $$\underset{\text{ácido \sout{dicrómico}}}{\text{H}_2\text{Cr}_2\text{O}_7} \quad \rightarrow \quad \underset{\text{hidrón}}{2\text{H}^+} \quad + \quad \underset{\text{dicromato}}{\text{Cr}_2\text{O}_7^{2-}}$$

Otros oxoaniones con nombres vulgares aceptados:

Fórmula	Ácido de procedencia	Nombre vulgar
$S_2O_3^{2-}$	$H_2S_2O_3$, ácido tiosulfúrico	tiosulfato
$S_2O_8^{2-}$	$H_2S_2O_8$, ácido peroxidisulfúrico	peroxidisulfato
IO_6^{5-}	H_5IO_6, ácido ortoperyódico	ortoperyodato
TeO_6^{6-}	H_6TeO_6, ácido ortotelúrico	ortotelurato
NO_4^-	HNO_4, ácido peroxinítrico	peroxinitrato
PO_5^{3-}	H_3PO_5, ácido peroxifosfórico	peroxifosfato
PHO_3^{2-}	H_2PHO_3, ácido fosfónico	fosfonato
SO_5^{2-}	H_2SO_5, ácido peroxisulfúrico	peroxisulfato
OCN^-	$HOCN$, ácido ciánico	cianato
SCN^-	$HSCN$, ácido tiociánico	tiocianato

6.2.2. Nombres de adición para oxoaniones

Se nombran con las mismas reglas que los oxoácidos de los que proceden, añadiendo el sufijo '-ato' al nombre del elemento central del anión y, seguidamente, sin dejar un espacio en blanco, el número de carga entre paréntesis.

Fórmula	Nomenclatura aditiva
$OCl^- = [OCl^-]$	clorurooxigenato(1−)[3]
$PO_4^{3-} = [PO_4]^{3-}$	tetraoxidofosfato(3−)
$H_2PO_4^- = [PO_2(OH)_2]^-$	dihidroxidodioxidofosfato(1−)
$S_2O_7^{2-} = [(O)_3SOS(O)_3]^{2-}$	μ-óxido-bis(trioxidosulfato)(2−)
$(SiO_3)_n^{2-} = \{Si(O)_3\}_n^{2n-}$	*catena*-poli[dioxidosilicato-μ-óxido(1−)]

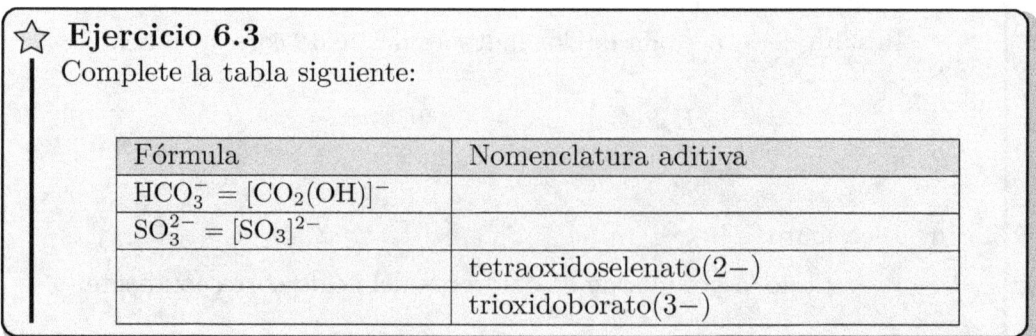

☆ **Ejercicio 6.3**
Complete la tabla siguiente:

Fórmula	Nomenclatura aditiva
$HCO_3^- = [CO_2(OH)]^-$	
$SO_3^{2-} = [SO_3]^{2-}$	
	tetraoxidoselenato(2−)
	trioxidoborato(3−)

---

[3]Se acepta el nombre alternativo de oxidoclorato(1−), y, por extensión, los nombres de oxidobromato(1−) y oxidoyodato(1−) para OBr^- y OI^-, respectivamente

6.2. ANIONES HETEROPOLIATÓMICOS DERIVADOS DE OXOÁCIDOS

Respuesta:

Fórmula	Nomenclatura aditiva
$HCO_3^- = [CO_2(OH)]^-$	hidroxidodioxidocarbonato(1−)
$SO_3^{2-} = [SO_3]^{2-}$	trioxidosulfato(2−)
$SeO_4^{2-} = [SeO_4]^{-2}$	tetraoxidoselenato(2−)
$BO_3^{3-} = [BO_3]^{3-}$	trioxidoborato(3−)

6.2.3. Nombres de hidrógeno para oxoaniones hidronados

Para los oxoaniones que contienen hidrones, se utilizan los nombres de hidrógeno, ya empleados para nombrar oxoácidos. La única diferencia del nombre del oxoanión del de los ácidos es que hay que especificar al final, entre paréntesis, su número de carga.[4]

Fórmula	Nombre de hidrógeno
HSO_4^-	hidrogeno(tetraoxidosulfato)(1−)
$H_2PO_4^-$	dihidrogeno(tetraoxidofosfato)(1−)
HBO_3^{2-}	hidrogeno(trioxidoborato)(2−)

☆ **Ejercicio 6.4**
Complete la tabla siguiente:

Fórmula	Nombre de hidrógeno
	hidrogeno(trioxidofosfato)(2−)
$HSiO_4^{3-}$	
	hidrogeno(tetraoxidomanganato)(1−)

Respuesta:

Fórmula	Nombre de hidrógeno
HPO_3^{2-}	hidrogeno(trioxidofosfato)(2−)
$HSiO_4^{3-}$	hidrogeno(tetraoxidosilicato)(3−)
$HMnO_4^-$	hidrogeno(tetraoxidomanganato)(1−)

---

[4]La definición estricta de nomenclatura de hidrógeno, según la IUPAC, impone los siguientes requisitos: a) que 'hidrogeno' esté unido al resto del nombre; b) que se tiene que especificar el número de hidrógenos mediante un prefijo multiplicador; c) que se coloque la parte iónica entre paréntesis; y d) que se especifique la carga de la especie química que se nombra. Ejemplos: H_2S: dihidrogeno(sulfuro); HO_2^-: hidrogeno(peróxido)(1−); $H_2NO_3^+$: dihidrogeno(trioxidonitrato)(1+).

Los oxoaniones hidronados tienen nombres vulgares aceptados que pueden considerarse formas abreviadas de la nomenclatura de hidrógeno y son exclusivamente los que figuran en la tabla siguiente:

Fórmula	Nombre vulgar	Nombre de adición
$H_2BO_3^-$	dihidrogenoborato	dihidrogeno(trioxidoborato)(1−)
HBO_3^{2-}	hidrogenoborato	hidrogeno(trioxidoborato)(2−)
HCO_3^-	hidrogenocarbonato	hidrogeno(trioxidocarbonato)(1−)
$H_2PO_4^-$	dihidrogenofosfato	dihidrogeno(tetraoxidofosfato)(1−)
HPO_4^{2-}	hidrogenofosfato	hidrogeno(tetraoxidofosfato)(2−)
$HPHO_3^-$	hidrogenofosfonato	hidrogeno(hidrurotrioxidofosfato)(1−)
$H_2PO_3^-$	dihidrogenofosfito	dihidrogeno(trioxidofosfato)(1−)
HPO_3^{2-}	hidrogenofosfito	hidrogeno(trioxidofosfato)(2−)
HSO_4^-	hidrogenosulfato	hidrogeno(tetraoxidosulfato)(1−)
HSO_3^-	hidrogenosulfito	hidrogeno(trioxidosulfato)(1−)

 Ejercicio 6.5
Deduzca la fórmula del:

a) hidrogenocarbonato

b) hidrogenofosfato

Respuesta:

a) hidrogenocarbonato

Resulta de la pérdida de un hidrón del ácido carbónico:

$$H_2CO_3 \rightarrow H^+ + HCO_3^-$$
ácido carbónico   hidrón   hidrogenocarbonato

b) hidrogenofosfato

Resulta de la pérdida de dos hidrones del ácido fosfórico:

$$H_3PO_4 \rightarrow 2H^+ + HPO_4^{2-}$$
ácido fosfórico   hidrón   hidrogenofosfato

**Observe que:**
Las ecuaciones de deshidronación deben estar ajustadas atómica y eléctricamente. La carga neta en ambos miembros tiene que ser cero.

6.2. ANIONES HETEROPOLIATÓMICOS DERIVADOS DE OXOÁCIDOS

Figura 6.1: Nombres vulgares y de adición de los principales aniones de oxoácidos

Fórmula	Nombre vulgar	Nombre de adición
$H_2BO_3^- = [BO(OH)_2]^-$	dihidrogenoborato	dihidroxidooxidoborato(1−)
$HBO_3^{2-} = [BO_2(OH)]^{2-}$	hidrogenoborato	hidroxidodioxidoborato(2−)
$BO_3^{3-} = [BO_3]^{3-}$	borato	trioxidoborato(3−)
$(BO_2^-)_n = {\left(OBO\right)}_n^{n-}$	metaborato	*catena*-poli[(oxidoborato-μ-óxido)(1−)]
$SiO_4^{4-} = [SiO_4]^{4-}$	silicato	tetraoxidosilicato(4−)
$(SiO_3)_n^{2-} = {\left(Si(O)_2O\right)}_n^{2n-}$	metasilicato	*catena*-poli[dioxidosilicato-μ-óxido(1−)]
$Si_2O_7^{6-} = [O_3SiOSiO_3]^{6-}$	disilicato	μ-óxido-bis(trioxidosilicato)(6−)
$CO_3^{2-} = [CO_3]^{2-}$	carbonato	trioxidocarbonato(2−)
$HCO_3^- = [CO_2(OH)]^-$	hidrogenocarbonato	dioxidohidroxidocarbonato(1−)
$NO_3^- = [NO_3]^-$	nitrato	trioxidonitrato(1−)
$NO_2^- = [NO_2]^-$	nitrito	dioxidonitrato(1−)
$H_2PO_4^- = [PO_2(OH)_2]^-$	dihidrogenofosfato	dihidroxidodioxidofosfato(1−)
$HPO_4^{2-} = [PO_3(OH)]^{2-}$	hidrogenofosfato	hidroxidotrioxidofosfato(2−)
$PO_4^{3-} = [PO_4]^{3-}$	fosfato	tetraoxidofosfato(3−)
$HPHO_3^- = [PHO_2(OH)]^-$	hidrogenofosfonato	hidroxidohidrurodioxidofosfato(1−)
$PHO_3^{2-} = [PHO_3]^{2-}$	fosfonato	hidrurotrioxidofosfato(2−)
$H_2PO_3^- = [PO(OH)_2]^-$	dihidrogenofosfito	dihidroxidooxidofosfato(1−)
$HPO_3^{2-} = [PO_2(OH)]^{2-}$	hidrogenofosfito	hidroxidodioxidofosfato(2−)
$PO_3^{3-} = [PO_3]^{3-}$	fosfito	trioxidofosfato(3−)
$AsO_4^{3-} = [AsO_4]^{3-}$	arsenato	tetraoxidoarsenato(3−)
$AsO_3^{3-} = [AsO_3]^{3-}$	arsenito	trioxidoarsenato(3−)
$HSO_4^- = [SO_3(OH)]^-$	hidrogenosulfato	hidroxidotrioxidosulfato(1−)
$SO_4^{2-} = [SO_4]^{2-}$	sulfato	tetraoxidosulfato(2−)
$[HSO_3]^- = [SO_2(OH)]^-$	hidrogenosulfito	hidroxidodioxidosulfato(1−)
$SO_3^{2-} = [SO_3]^{2-}$	sulfito	trioxidosulfato(2−)
$S_2O_7^{2-} = [(O)_3SOS(O)_3]^{2-}$	disulfato	μ-óxido-bis(trioxidosulfato)(2−)
$SeO_4^{2-} = [SeO_4]^{2-}$	selenato	tetraoxidoselenato(2−)
$SeO_3^{2-} = [SeO_3]^{2-}$	selenito	trioxidoselenato(2−)
$TeO_4^{2-} = [TeO_4]^{2-}$	telurato	tetraoxidotelurato(2−)
$TeO_6^{6-} = [TeO_6]^{6-}$	ortotelurato	hexaoxidotelurato(6−)
$ClO_4^- = [ClO_4]^-$	perclorato	tetraoxidoclorato(1−)
$ClO_3^- = [ClO_3]^-$	clorato	trioxidoclorato(1−)
$ClO_2^- = [ClO_2]^-$	clorito	dioxidoclorato(1−)
$OCl^- = [OCl]^-$	hipoclorito	clorurooxigenato(1−)
$BrO_4^- = [BrO_4]^-$	perbromato	tetraoxidobromato(1−)
$BrO_3^- = [BrO_3]^-$	bromato	trioxidobromato(1−)
$BrO_2^- = [BrO_2]^-$	bromito	dioxidobromato(1−)
$OBr^- = [OBr]^-$	hipobromito	bromuroxigenato(1−)
$IO_6^{5-} = [IO_6]^{5-}$	ortoperyodato	hexaoxidoyodato(5−)
$IO_4^- = [IO_4]^-$	peryodato	tetraoxidoyodato(1−)
$IO_3^- = [IO_3]^-$	yodato	trioxidoyodato(1−)
$IO_2^- = [IO_2]^-$	yodito	dioxidoyodato(1−)
$OI^- = [OI]^-$	hipoyodito	yodurooxigenato(1−)

6.3. Otros iones heteropoliatómicos

Incluimos aquí otros aniones y cationes que se nombran mediante la nomenclatura de adición (excluimos aquellos en que, considerados como entidades de coordinación, el átomo central es un metal de transición). En algunos casos se admiten nombres vulgares (aparecen en último lugar, después del punto y coma).

6.3.1. Aniones

El segundo y tercer nombre de los tres primeros ejemplos vienen dados en las nomenclaturas de hidrógeno y de sustitución, respectivamente.

HS^-	hidrurosulfato(1−), hidrogeno(sulfuro)(1−), sulfanuro
HSe^-	hidruroselenato(1−), hidrogeno(selenato)(1−), selanuro
HTe^-	hidrurotelurato(1−), hidrogeno(telurato)(1−), telanuro
CN^-	nitrurocarbonato(1−); cianuro
SCN^-	nitrurosulfurocarbonato(1−); tiocianato
SNC^-	carburosulfuronitrato(1−)
OCN^-	nitrurooxidocarbonato(1−); cianato
ONC^-	carburooxidonitrato(1−); fulminato
AlO^-	oxidoaluminato(1−)
$AlCl_4^-$	tetracloruroaluminato(1−)

6.3.2. Cationes

Para nombrar los cationes mediante la nomenclatura de adición, el átomo central no altera su terminación.

UO_2^+	dioxidouranio(1+), ~~uranilo(1+)~~
UO_2^{2+}	dioxidouranio(2+), ~~uranilo(2+)~~
VO_2^+	dioxidovanadio(1+)
VO^{2+}	oxidovanadio(2+)
NO^+	oxidonitrógeno(1+); ~~nitrosilo~~
NO^{2+}	oxidonitrógeno(2+)
NO_2^+	dioxidonitrógeno(1+); ~~nitrilo~~
BrF_4^+	tetrafluorurobromo(1+)
$AlCl^+$	cloruroaluminio(1+)
AlO^+	oxidoaluminio(1+)

6.3. OTROS IONES HETEROPOLIATÓMICOS

Ejercicio 6.6

En la tabla siguiente aparecen las fórmulas y nombres de iones (cuando el ion tiene nombre vulgar figura este). Complete la tabla y, cuando tenga que poner el nombre ponga el nombre vulgar si lo tiene y, si no lo tiene, ponga el nombre de adición, de hidrógeno o de sustitución:

Fórmula	Nombre
H_2Cl^+	
	hidrazinio
$H_3O_2^+$	
	hidrazinadiio
BH_2^-	
	germanuro
NH^{2-}	
	amida
SO_3^{2-}	
	hipoclorito
IO_6^{5-}	
	trioxidotelurato(2−)
NO_4^-	
	fosfonato
SCN^-	
	peroxisulfato
HCO_3^-	
	dihidrogenoborato
$HAsO_4^{2-}$	
	tiosulfato
PO_5^{3-}	
	hidrogeno(trioxidoselenato)(1−)
$(SiO_3)_n^{2-}$	
	tetraoxidotecnecato(1−)
HS^-	
	trisulfurocarbonato(1−)
ClF_2^-	
	clorurolitato(1−)
AlO^+	
	dioxidoazufre(2+)
CrO_2^{2+}	
	oxidocirconio(2+)
TiO^{2+}	

Respuesta:

H_2Cl^+	dihidrurocloro(1+), dihidrogeno(clorato)(1+), cloranio
$N_2H_5^+$	hidrazinio
$H_3O_2^+$	trihidrurodioxígeno(1+), trihidrogeno(peróxido)(1+), dioxidanio
$N_2H_6^{2+}$	hidrazinadiio
BH_2^-	dihidruroborato(1−), dihidrogeno(borato)(1−), boranuro
GeH_3^-	germanuro
NH^{2-}	imida
NH_2^-	amida
SO_3^{2-}	sulfito
OCl^-	hipoclorito
IO_6^{5-}	ortoperyodato
TeO_3^{2-}	trioxidotelurato(2−)
NO_4^-	peroxinitrato
PHO_3^{2-}	fosfonato
SCN^-	tiocianato
SO_5^{2-}	peroxisulfato
HCO_3^-	hidrogenocarbonato
$H_2BO_3^-$	dihidrogenoborato
$HAsO_4^{2-}$	hidrogeno(tetraoxidoarsenato)(2−)
$S_2O_3^{2-}$	tiosulfato
PO_5^{3-}	peroxifosfato
$HSeO_3^-$	hidrogeno(trioxidoselenato)(1−)
$(SiO_3)_n^{2-}$	metasilicato
TcO_4^-	tetraoxidotecnecato(1−)
HS^-	hidrurosulfato(1−), hidrogeno(sulfuro)(1−), sulfanuro
CS_3^-	trisulfurocarbonato(1−)
ClF_2^-	difluoruroclorato(1−)
$LiCl^-$	clorurolitato(1−)
AlO^+	oxidoaluminio (1+)
SO_2^{2+}	dioxidoazufre(2+)
CrO_2^{2+}	dioxidocromo(2+)
ZrO^{2+}	oxidocirconio(2+)
TiO^{2+}	oxidotitanio(2+)

Capítulo 7

Oxosales

Son sustancias formadas por iones, siendo el anión un oxoanión; es decir, un ion negativo resultante de la pérdida de todos los hidrones (oxosales neutras, como Na_2SO_4) o de algunos de ellos (oxosales ácidas, como $NaHSO_4$).

Podemos utilizar los nombres vulgares aceptados, la nomenclatura de composición y la nomenclatura de adición.

7.1. Nombres vulgares

Se nombra el oxoanión y seguido de la palabra 'de', el del catión; tras él, y sin espacio en blanco, se indica entre paréntesis el número de oxidación o el número de carga del elemento del catión, como usualmente se escribe (el número de oxidación, en números romanos; y el número de carga, con el valor de la carga y el signo positivo). Si el catión solo tiene un estado de oxidación, no se pone nada.

En la fórmula figura primero el catión y después, el anión, y como el agregado de iones es neutro, el número de cargas introducidas por los aniones debe coincidir con el número de cargas introducidas por los cationes; para conseguirlo, pondremos al anión y al catión los subíndices que correspondan para conseguir la neutralidad de la unidad fórmula.

Deduzcamos la fórmula a partir del nombre vulgar con el número de oxidación:

	ion	fórmula	
sulfato de platino(IV)	sulfato	SO_4^{2-}	$\left.\begin{array}{l}\end{array}\right\}$ $un\,Pt^{4+}$, $dos\,SO_4^{2-} \Rightarrow Pt(SO_4)_2$
	platino(4+)	Pt^{4+}	

Otros ejemplos son:

$$\text{cromato de cadmio} \quad \begin{array}{cc} \underline{\text{ion}} & \underline{\text{fórmula}} \\ \text{cromato} & \text{CrO}_4^{2-} \\ \text{cadmio(2+)} & \text{Cd}^{2+} \end{array} \Bigg\} \; un\,\text{Cd}^{2+},\; un\,\text{CrO}_4^{2-} \Rightarrow \text{CdCrO}_4$$

$$\text{fosfato de cobalto(III)} \quad \begin{array}{cc} \underline{\text{ion}} & \underline{\text{fórmula}} \\ \text{fosfato} & \text{PO}_4^{3-} \\ \text{cobalto(3+)} & \text{Co}^{3+} \end{array} \Bigg\} \; un\,\text{Co}^{3+},\; un\,\text{PO}_4^{3-} \Rightarrow \text{CoPO}_4$$

$$\text{nitrito de zinc} \quad \begin{array}{cc} \underline{\text{ion}} & \underline{\text{fórmula}} \\ \text{nitrito} & \text{NO}_2^- \\ \text{zinc(2+)} & \text{Zn}^{2+} \end{array} \Bigg\} \; un\,\text{Zn}^{2+},\; dos\,\text{NO}_2^- \Rightarrow \text{Zn(NO}_2)_2$$

$$\text{silicato de bario} \quad \begin{array}{cc} \underline{\text{ion}} & \underline{\text{fórmula}} \\ \text{silicato} & \text{SiO}_4^{4-} \\ \text{bario(2+)} & \text{Ba}^{2+} \end{array} \Bigg\} \; dos\,\text{Ba}^{2+},\; un\,\text{SiO}_4^{4-} \Rightarrow \text{Ba}_2\text{SiO}_4$$

Deduzcamos el nombre vulgar con el número de oxidación a partir de la fórmula:

$$\text{Pb(HSO}_3)_2 \quad \begin{array}{cc} \underline{\text{fórmula}} & \underline{\text{ion}} \\ dos\,\text{HSO}_3^- & \text{hidrogenosulfito} \\ un\,\text{Pb}^{2+} & \text{plomo(2+)} \end{array} \Bigg\} \; \text{hidrogenosulfito de plomo(II)}$$

Otos ejemplos son:

$$\text{Ca(NO}_3)_2 \quad \begin{array}{cc} \underline{\text{fórmula}} & \underline{\text{ion}} \\ dos\,\text{NO}_3^- & \text{nitrato} \\ un\,\text{Ca}^{2+} & \text{calcio(2+)} \end{array} \Bigg\} \; \text{nitrato de calcio}$$

$$\text{KH}_2\text{PO}_4 \quad \begin{array}{cc} \underline{\text{fórmula}} & \underline{\text{ion}} \\ un\,\text{H}_2\text{PO}_4^- & \text{dihidrogenofosfato} \\ un\,\text{K}^+ & \text{potasio(1+)} \end{array} \Bigg\} \; \text{dihidrogenofosfato de potasio}$$

$$\text{Au}_2(\text{Cr}_2\text{O}_7)_3 \quad \begin{array}{cc} \underline{\text{fórmula}} & \underline{\text{ion}} \\ tres\,\text{Cr}_2\text{O}_7^{2-} & \text{dicromato} \\ dos\,\text{Au}^{3+} & \text{oro(3+)} \end{array} \Bigg\} \; \text{dicromato de oro(III)}$$

$$\text{Hg(ClO}_3)_2 \quad \begin{array}{cc} \underline{\text{fórmula}} & \underline{\text{ion}} \\ dos\,\text{ClO}_3^- & \text{clorato} \\ un\,\text{Hg}^{2+} & \text{mercurio(2+)} \end{array} \Bigg\} \; \text{clorato de mercurio(II)}$$

7.1. NOMBRES VULGARES

$$\text{Li}_3\text{BO}_3 \quad \begin{array}{ll} \underline{\text{fórmula}} & \underline{\text{ion}} \\ un\,\text{BO}_3^{3-} & \text{borato} \\ tres\,\text{Li}^+ & \text{litio}(1+) \end{array} \Bigg\} \text{borato de litio}$$

En la tabla siguiente se muestran los nombres vulgares de algunas sales, expresadas con números romanos y con números de carga. Varios nombres están tachados porque no están aceptados.

Fórmula	catión	anión	Vulgar con el número de oxidación	Vulgar con el número de carga
$\text{Cr}_2(\text{SO}_3)_3$	Cr^{3+}	SO_3^{2-}	sulfito de cromo(III)	sulfito de cromo(3+)
$\text{Ba}(\text{IO}_4)_2$	Ba^{2+}	IO_4^-	peryodato de bario	peryodato de bario
CuClO	Cu^+	OCl^-	hipoclorito de cobre(I)	hipoclorito de cobre(1+)
$(\text{NH}_4)_2\text{SO}_4$	NH_4^+	SO_4^{2-}	sulfato de amonio	sulfato de amonio
$\text{Hg}(\text{HCO}_3)_2$	Hg^{2+}	HCO_3^-	hidrogenocarbonato de mercurio(II)	hidrogenocarbonato de mercurio(2+)
$\text{Fe}_2(\text{Cr}_2\text{O}_7)_3$	Fe^{3+}	$\text{Cr}_2\text{O}_7^{2-}$	dicromato de hierro(III)	dicromato de hierro(3+)
$\text{Pb}(\text{HSeO}_4)_4$	Pb^{4+}	HSeO_4^-	~~hidrogenoselenato de plomo(IV)~~	~~hidrogenoselenato de plomo(4+)~~
Li_2MnO_4	Li^+	MnO_4^{2-}	~~manganato de litio~~	~~manganato de litio~~
AuNO_3	Au^+	NO_3^-	nitrato de oro(I)	nitrato de oro(1+)
Li_3PO_3	Li^+	PO_3^{3-}	fosfito de litio	fosfito de litio
$\text{Sr}(\text{MnO}_4)_2$	Sr^{2+}	MnO_4^-	permanganato de estroncio	permanganato de estroncio
Ag_2CrO_4	Ag^+	CrO_4^{2-}	cromato de plata	cromato de plata

♠ Ejercicio 7.1
Complete la siguiente tabla:

Fórmula	Catión	Anión	Vulgar con números de oxidación	Vulgar con números de cargas
				carbonato de bario
			nitrato de cobre(I)	
HgHSO_4				
	Na^+	HAsO_4^{2-}		

Respuesta:

Fórmula	Catión	Anión	Vulgar con números de oxidación	Vulgar con números de cargas
$BaCO_3$	Ba^{2+}	CO_3^{2-}	carbonato de bario	carbonato de bario
$CuNO_3$	Cu^+	NO_3^-	nitrato de cobre(I)	nitrato de cobre(1+)
$HgHSO_4$	Hg^+	HSO_4^-	hidrogenosulfato de mercurio(I)	hidrogenosulfato de mercurio(1+)
Na_2HAsO_4	Na^+	$HAsO_4^{2-}$	~~hidrogenoarsenato de sodio~~	~~hidrogenoarsenato de sodio~~

7.2. Nomenclatura de composición

Se nombra en primer lugar el anión mediante el nombre de adición y, tras la palabra 'de', se nombra el catión (ambos sin la carga). La proporción de ambos constituyentes se indica mediante prefijos multiplicadores alternativos para el anión y prefijos multiplicadores sencillos para el catión (excepto que el nombre del catión sea también un nombre de adición).

Na_2CO_3	trioxidocarbonato de disodio
$Al_3(SO_4)_2$	bis(tetraoxidosulfato) de trialuminio
$Fe(H_2PO_4)_3$	tris[dihidrogeno(tetraoxidofosfato)] de hierro
$(UO_2)_2SO_4$	tetraoxidosulfato de bis(dioxidouranio)

El nombre de composición se puede simplificar utilizando el nombre vulgar del anión. Para expresar su número, se emplean prefijos multiplicadores sencillos o los alternativos, cuando se quieren evitar ambigüedades —en vez de disulfato se escribe bis(sulfato), para evitar la ambigüedad con el ion disulfato— o cuando se trata de un nombre compuesto, como lo es un nombre de hidrógeno.

$Ba(NO_3)_2$	dinitrato de bario
$Al_3(SO_4)_2$	bis(sulfato) de trialuminio
$Fe_3(PO_4)_2$	bis(fosfato) de trihierro
$Fe(H_2PO_4)_3$	tris(dihidrogenofosfato) de hierro

En los ocho ejemplos anteriores que hemos visto, se han indicado las proporciones de los iones usando prefijos estequiométricos explícitos en al menos uno de

7.2. NOMENCLATURA DE COMPOSICIÓN

los iones. Sin embargo, cuando la relación entre los iones es 1:1, el prefijo multiplicador 'mono-' está implícito delante del nombre del catión (siempre se omite cuando la unidad fórmula tiene un solo catión).[1]

$SrCO_3$	trioxidocarbonato de estroncio
$NaHSO_4$	hidrogeno(tetraoxidosulfato) de sodio
$AlPO_3$	trioxidofosfato de aluminio

Deduzcamos la fórmula a partir del nombre (de izquierda a derecha) o el nombre a partir de la fórmula (de derecha a izquierda):

$$\text{trioxidocarbonato de disodio} \left\{ \begin{array}{cc} \text{trioxidocarbonato} & \textit{tres } O \textit{ y un } C \\ \text{disodio} & \textit{dos } Na \end{array} \right\} Na_2CO_3$$

$$\text{heptaoxidodicromato de dipotasio} \left\{ \begin{array}{cc} \text{heptaoxidodicromato} & \textit{siete } O \textit{ y dos } Cr \\ \text{dipotasio} & \textit{dos } K \end{array} \right\} K_2Cr_2O_7$$

$$\text{tetrakis(tetraoxidoclorato) de titanio} \left\{ \begin{array}{cc} \text{tetrakis} & \textit{cuatro} \\ \text{(tetraoxidoclorato)} & \text{tetraoxidoclorato} \\ & \textit{cuatro } O \textit{ y un } Cl \\ \text{titanio} & \textit{un } Ti \end{array} \right\} Ti(ClO_4)_4$$

$$\text{bis[dihidrogeno(trioxidofosfato)] de calcio} \left\{ \begin{array}{cc} \text{bis} & \textit{dos} \\ \text{dihidrogeno(trioxidofosfato)} & \text{dihidrogeno(trioxidofosfato)} \\ & \textit{dos } H, \textit{ tres } O \textit{ y un } P \\ \text{calcio} & \textit{un } Ca \end{array} \right\} Ca(H_2PO_3)_2$$

$$\text{trinitrato de cobalto} \left\{ \begin{array}{cc} \text{tri} & \textit{tres} \\ \text{nitrato} & \text{nitrato} \\ & \textit{tres } NO_3 \\ \text{cobalto} & \textit{un } Co \end{array} \right\} Co(NO_3)_3$$

$$\text{bis(hidrogenosulfato) de hierro} \left\{ \begin{array}{cc} \text{bis} & \textit{dos} \\ \text{(hidrogenosulfato)} & \text{hidrogenosulfato} \\ & \textit{dos } HSO_4 \\ \text{hierro} & \textit{un } Fe \end{array} \right\} Fe(HSO_4)_2$$

---

[1]Esta nomenclatura, muy cómoda, produce ambigüedad con pérdida de información sobre el anión en algunos casos. Según el Libro Rojo (2005), existen los iones CrO_4^{2-}, CrO_4^{3-} y CrO_4^{4-}, por lo que podrían existir dos sales de plomo de fórmula $Pb^{II}CrO_4$ y $Pb^{IV}CrO_4$ que tendrían el mismo nombre de composición: tetraoxidocromato de plomo. La nomenclatura de adición, que veremos en el siguiente epígrafe, es más completa y daría para esos compuestos los nombres de tetraoxidocromato(2−) de plomo(2+) y tetraoxidocromato(4−) de plomo(4+), respectivamente.

Vemos en la siguiente tabla otros ejemplos de nomenclatura de composición, donde comparamos para ciertas sales las dos formas de nombrarlas admitidas:

Fórmula	De composición	De composición con nombres vulgares
$Os(SO_3)_2$	bis(trioxidosulfato) de osmio	bis(sulfito) de osmio
$In(NO_2)_3$	tris(dioxidonitrato) de indio	trinitrito de indio
$Ba(IO_4)_2$	bis(tetraoxidoyodato) de bario	diperyodato de bario
$Cu(ClO_2)_2$	bis(dioxidoclorato) de cobre	diclorito de cobre
$Hg(HCO_3)_2$	bis[hidrogeno(trioxidocarbonato)] de mercurio	bis(hidrogenocarbonato) de mercurio
$Fe_2(Cr_2O_7)_3$	tris(heptaoxidodicromato) de dihierro	tris(dicromato) de dihierro
$Pb(HSeO_4)_4$	tetrakis[hidrogeno(tetraoxidoselenato)] de plomo	tetrakis(hidrogenoselenato) de plomo
$Ba(MnO_4)_2$	bis(tetraoxidomanganato) de bario	dipermanganato de bario

♠ **Ejercicio 7.2**

Complete la siguiente tabla:

Fórmula	De composición	De composición con nombres vulgares
$Ca_3(PO_3)_2$		
	bis(trioxidoborato) de trimagnesio	
		bis(hidrogenocarbonato) de hierro
$Ga(IO_3)_3$		

❀ **Respuesta:**

Fórmula	De composición	De composición con nombres vulgares
$Ca_3(PO_3)_2$	bis(trioxidofosfato) de tricalcio	bis(fosfito) de tricalcio
$Mg_3(BO_3)_2$	bis(trioxidoborato) de trimagnesio	diborato de trimagnesio
$Fe(HCO_3)_2$	bis[hidrogeno(trioxidocarbonato)] de hierro	bis(hidrogenocarbonato) de hierro
$Ga(IO_3)_3$	tris(trioxidoyodato) de galio	triyodato de galio

7.3. Nomenclatura de adición

Se nombra el anión de acuerdo con la nomenclatura de adición y, tras la palabra 'de', el catión, utilizando el número de carga correspondiente (si no hay ambigüedad, por presentar siempre el mismo número de carga, no se utiliza).

Deduzcamos la fórmula a partir del nombre (de izquierda a derecha) o el nombre a partir de la fórmula (de derecha a izquierda). Suponemos en los tres ejemplos siguientes que para nombrarlos conocemos la estructura del anión (el átomo central establece una unión con cada átomo de oxígeno):

$$\text{tetraoxidoclorato}(1-) \text{ de potasio} \left\{ \begin{array}{cc} \text{tetraoxidoclorato} & un \\ (1-) & [ClO_3]^- \\ \text{potasio} & un \\ \boxed{(1+)} & K^+ \end{array} \right\} KClO_4$$

$$\text{trioxidocarbonato}(2-) \text{ de magnesio} \left\{ \begin{array}{cc} \text{trioxidocarbonato} & un \\ (2-) & [CO_3]^{2-} \\ \text{magnesio} & un \\ \boxed{(2+)} & Mg^{2+} \end{array} \right\} MgCO_3$$

$$\text{trioxidonitrato}(1-) \text{ de cromo}(3+) \left\{ \begin{array}{cc} \text{trioxidonitrato} & tres \\ (1-) & [NO_3]^- \\ \text{cromo} & un \\ (3+) & Cr^{3+} \end{array} \right\} Cr(NO_3)_3$$

Para nombrar $Cu_2Cr_2O_7$, tenemos que conocer la fórmula estructural del anión, $[(O)_3CrOCr(O)_3]^{2-}$:

$$\mu\text{-óxido-bis(trioxidocromato)}(2-) \text{ de cobre}(1+) \left\{ \begin{array}{cc} \mu\text{-óxido} & \\ \text{bis(trioxidocromato)} & un \\ (2-) & [(O)_3CrOCr(O)_3]^{2-} \\ \text{cobre} & dos \\ (1+) & Cu^+ \end{array} \right\} Cu_2Cr_2O_7$$

Para nombrar $Pt(HSO_3)_2$, tenemos que conocer la fórmula estructural del anión, $[SO_2(OH)]^-$:

$$\text{hidroxidodioxidosulfato}(1-) \text{ de platino}(2+) \left\{ \begin{array}{cc} \text{hidroxidodioxidosulfato} & dos \\ (1-) & [SO_2(OH)]^- \\ \text{platino} & un \\ (2+) & Pt^{2+} \end{array} \right\} Pt(HSO_3)_2$$

Para nombrar $Ba(H_2PO_4)_2$, tenemos que conocer la fórmula estructural del anión, $[PO_2(OH)_2]^-$:

$$\text{dihidroxidodioxidofosfato}(1-) \text{ de bario} \begin{cases} \begin{array}{cc} \text{dihidroxidodioxidofosfato} & dos \\ (1-) & [PO_2(OH)_2]^- \\ \text{bario} & un \\ \boxed{(2+)} & Ba^{2+} \end{array} \end{cases} Ba(H_2PO_4)_2$$

Vemos en la siguiente tabla algunos ejemplos más de nomenclatura de adición:

Fórmula	Catión	Anión	De adición
Na_2SO_3	Na^+	$SO_3^{2-} = [SO_3]^{2-}$	trioxidosulfato(2−) de sodio
$Co(NO_2)_3$	Co^{3+}	$NO_2^- = [NO_2]^-$	dioxidonitrato(1−) de cobalto(3+)
$Ba(IO_4)_2$	Ba^{2+}	$IO_4^- = [IO_4]^-$	tetraoxidoyodato(1−) de bario
$Cu(ClO_2)_2$	Cu^{2+}	$ClO_2^- = [ClO_2]^-$	dioxidoclorato(1−) de cobre(2+)
$Hg(HCO_3)_2$	Hg^{2+}	$HCO_3^- = [CO_2(OH)]^-$	hidroxidodioxidocarbonato(1−) de mercurio(2+)
$Fe_2(Cr_2O_7)_3$	Fe^{3+}	$Cr_2O_7^{2-} = [(O)_3CrOCr(O)_3]^{2-}$	μ-óxido-bis(trioxidocromato)(2−) de hierro(3+)
$Pb(HSeO_4)_4$	Pb^{4+}	$HSeO_4^- = [SeO_3(OH)]^-$	hidroxidotrioxidoselenato(1−) de plomo(4+)
Cu_2MnO_4	Cu^+	$MnO_4^{2-} = [MnO_4]^{2-}$	tetraoxidomanganato(2−) de cobre(1+)

♠ **Ejercicio 7.3**

Complete la siguiente tabla:

Fórmula	Catión	Anión	De adición
$Pb(SO_4)_2$	Pb^{4+}	$SO_4^{2-}=[SO_4]^{2-}$	
			clorurooxigenato(1−) de magnesio
$Fe(HCO_3)_3$	Fe^{3+}	$HCO_3^- = [CO_2(OH)]^-$	
			dihidroxidooxidofosfato(1−) de aluminio

❀ **Respuesta:**

Fórmula	Catión	Anión	De adición
$Pb(SO_4)_2$	Pb^{4+}	$SO_4^{2-}=[SO_4]^{2-}$	tetraoxidosulfato(2−) de plomo(4+)
$Mg(ClO)_2$	Mg^{2+}	$OCl^-=[OCl]^-$	clorurooxigenato(1−) de magnesio
$Fe(HCO_3)_3$	Fe^{3+}	$HCO_3^- = [CO_2(OH)]^-$	hidroxidodioxidocarbonato(1−) de hierro(3+)
$Al(H_2PO_3)_3$	Al^{3+}	$H_2PO_3^- = [PO(OH)_2]^-$	dihidroxidooxidofosfato(1−) de aluminio

7.4. Nomenclatura comparada de algunas oxosales

Fórmula	Catión	Anión	Vulgar con números romanos	Vulgar con números de carga	De composición	De adición
$CaCO_3$	Ca^{2+}	$CO_3^{2-}=[CO_3]^{2-}$	carbonato de calcio	carbonato de calcio	trioxidocarbonato de calcio	trioxidocarbonato(2−) de calcio
$CuCrO_4$	Cu^{2+}	$CrO_4^{2-}=[CrO_4]^{2-}$	cromato de cobre(II)	cromato de cobre(2+)	tetraoxidocromato de cobre	tetraoxidocromato(2−) de cobre(2+)
$KMnO_4$	K^+	$MnO_4^-=[MnO_4]^-$	permanganato de potasio	permanganato de potasio	tetraoxidomanganato de potasio	tetraoxidomanganato(1−) de potasio
$Mg(IO_4)_2$	Mg^{2+}	$IO_4^-=[IO_4]^-$	peryodato de magnesio	peryodato de magnesio	bis(tetraoxidoyodato) de magnesio, diperyodato de magnesio	tetraoxidoyodato(1−) de magnesio
$Fe_2(SO_4)_3$	Fe^{3+}	$SO_4^{2-}=[SO_4]^{2-}$	sulfato de hierro(III)	sulfato de hierro(3+)	tris(tetraoxidosulfato) de dihierro, trisulfato de dihierro	tetraoxidosulfato(2−) de hierro(3+)
$AgNO_3$	Ag^+	$NO_3^-=[NO_3]^-$	nitrato de plata	nitrato de plata	trioxidonitrato de plata	trioxidonitrato(1−) de plata
$Cu(HSO_3)_2$	Cu^{2+}	$HSO_3^-=[SO_2(OH)]^-$	hidrogenosulfito de cobre(II)	hidrogenosulfito de cobre(2+)	bis[hidrogeno(trioxidosulfato)] de cobre, bis(hidrogenosulfito) de cobre	hidroxidodioxidosulfato(1−) de cobre(2+)
$AlPO_4$	Al^{3+}	$PO_4^{3-}=[PO_4]^{3-}$	fosfato de aluminio	fosfato de aluminio	tetraoxidofosfato de aluminio	tetraoxidofosfato(3−) de aluminio
$Ca(BrO_2)_2$	Ca^{2+}	$BrO_2^-=[BrO_2]^-$	bromito de calcio	bromito de calcio	bis(dioxidobromato) de calcio, dibromito de calcio	dioxidobromato(1−) de calcio
$CaMnO_4$	Ca^{2+}	$MnO_4^{2-}=[MnO_4]^{2-}$	manganato de calcio	manganato de calcio	tetraoxidomanganato de calcio	tetraoxidomanganato(2−) de calcio
$Ba(HSeO_3)_2$	Ba^{2+}	$HSeO_3^-=[SeO_2(OH)]^-$	hidrogenoselenato de bario	hidrogenoselenato de bario	bis[hidrogeno(trioxidoselenato)] de bario	hidroxidodioxidoselenato(1−) de bario
$K(H_2BO_3)_2$	K^+	$H_2BO_3^-=[BO(OH)_2]^-$	dihidrogenoborato de potasio	dihidrogenoborato de potasio	bis[dihidrogeno(trioxidoborato)] de potasio, bis(dihidrogenoborato) de potasio	dihidroxidooxidoborato(1−) de potasio

Fórmula	Catión	Anión	Vulgar con números romanos	Vulgar con números de carga	De composición	De adición
$ZnSO_3$	Zn^{2+}	$SO_3^{2-} = [SO_3]^{2-}$	sulfito de zinc	sulfito de zinc	trioxidosulfato de zinc	trioxidosulfato(2−) de zinc
$(NH_4)_2CrO_4$	NH_4^+	$CrO_4^{2-} = [CrO_4]^{2-}$	cromato de amonio	cromato de amonio	tetraoxidocromato de diamonio	tetraoxidocromato(2−) de amonio
$Mn(IO_3)_2$	Mn^{2+}	$IO_3^- = [IO_3]^-$	yodato de manganeso(II)	yodato de manganeso(2+)	bis(trioxidoyodato) de manganeso, diyodato de manganeso	trioxidoyodato(1−) de manganeso(2+)
$Cd_3(PO_4)_2$	Cd^{2+}	$PO_4^{3-} = [PO_4]^{3-}$	fosfato de cadmio	fosfato de cadmio	bis(tetraoxidofosfato) de tricadmio, bis(fosfato) de tricadmio	tetraoxidofosfato(3−) de cadmio
$CaMoO_4$	Ca^{2+}	$MoO_4^{2-} = [MoO_4]^{2-}$	molibdato de calcio	molibdato de calcio	tetraoxidomolibdato de calcio	tetraoxidomolibdato(2−) de calcio
$PbSeO_4$	Pb^{2+}	$SeO_4^{2-} = [SeO_4]^{2-}$	selenato de plomo(II)	selenato de plomo(2+)	tetraoxidoselenato de plomo	tetraoxidoselenato(2−) de plomo(2+)
$Na_2S_2O_7$	Na^+	$S_2O_7^{2-} = [(O)_3SOS(O)_3]^{2-}$	disulfato de sodio	disulfato de sodio	heptaoxidodisulfato de disodio	μ-óxido-bis(trioxidosulfato)(2−) de sodio
$RaSO_4$	Ra^{2+}	$SO_4^{2-} = [SO_4]^{2-}$	sulfato de radio	sulfato de radio	tetraoxidosulfato de radio	tetraoxidosulfato(2−) de radio
$CuTeO_3$	Cu^{2+}	$TeO_3^{2-} = [TeO_3]^{2-}$	telurito de cobre(II)	telurito de cobre(2+)	trioxidotelurato de cobre	trioxidotelurato(2−) de cobre(2+)
$CaHPO_4$	Ca^{2+}	$HPO_4^{2-} = [PO_3(OH)]^{2-}$	hidrogenofosfato de calcio	hidrogenofosfato de calcio	hidrogeno(tetraoxidofosfato) de calcio	hidroxidotrioxidofosfato(2−) de calcio
$Co(HSO_4)_3$	Co^{3+}	$HSO_4^- = [SO_3(OH)]^-$	hidrogenosulfato de cobalto(III)	hidrogenosulfato de cobalto(3+)	tris[hidrogeno(tetraoxido= sulfato)] de cobalto	hidroxidotrioxidosulfa= to(1−) de cobalto(3+)
$Sr_3(AsO_4)_2$	Sr^{2+}	$AsO_4^{3-} = [AsO_4]^{3-}$	arsenato de estroncio	arsenato de estroncio	bis(tetraoxidoarsenato) de triestroncio, diarsenato de triestroncio	tetraoxidoarsenato(3−) de estroncio
$KBrO_2$	K^+	$BrO_2^- = [BrO_2]^-$	bromito de potasio	bromito de potasio	dioxidobromato de potasio	dioxidobromato(1−) de potasio
NH_4HCO_3	NH_4^+	$HCO_3^- = [CO_2(OH)]^-$	hidrogenocarbonato de amonio	hidrogenocarbonato de amonio	hidrogeno(trioxidocarbona= to) de amonio	hidroxidodioxido(1−) de amonio
$UO_2(NO_3)_2$	UO_2^{2+}	$NO_3^- = [NO_3]^-$	~~nitrato de uranilo~~	~~nitrato de uranilo(2+)~~	bis(trioxidonitrato) de dioxidouranio[2]	trioxidonitrato(1−) de dioxidouranio(2+)

[2] Otros nombre de composición son dinitrato de dioxidouranio y nitrato de dioxidouranio(VI).

7.4. NOMENCLATURA COMPARADA DE ALGUNAS OXOSALES

Ejercicio 7.4
Complete la siguiente tabla:

Fórmula	Anión	Vulgar con números romanos	Vulgar con números de carga	De composición	De adición
$Au(ClO_4)_3$	$ClO_4^- = [ClO_4]^-$				tetraoxidoarsenato(3−) de rubidio
	$BO_3^{3-} = [BO_3]^{3-}$	borato de zinc			
$NaReO_4$	$ReO_4^- = [ReO_4]^-$				hidroxidodioxidosulfato(1−) de níquel(3+)
	$CO_3^{2-} = [CO_3]^{2-}$	carbonato de itrio			

Respuesta:

Fórmula	Anión	Vulgar con números romanos	Vulgar con números de carga	De composición	De adición
$Au(ClO_4)_3$	$ClO_4^- = [ClO_4]^-$	perclorato de oro(III)	perclorato de oro(3+)	tris(tetraoxidoclorato) de oro, triperclorato de oro	tetraoxidoclorato(1−) de oro(3+)
Rb_3AsO_4	$AsO_4^{3-} = [AsO_4]^{3-}$	arsenato de rubidio	arsenato de rubidio	tetraoxidoarsenato de trirubidio	tetraoxidoarsenato(3−) de rubidio
$Zn_3(BO_3)_2$	$BO_3^{3-} = [BO_3]^{3-}$	borato de zinc	borato de zinc	bis(trioxidoborato) de trizinc, diborato de trizinc	trioxidoborato(3−) de zinc
$NaReO_4$	$ReO_4^- = [ReO_4]^-$	perrenato de sodio	perrenato de sodio	tetraoxidorenato de sodio	tetraoxidorenato(1−) de sodio
$Ni(HSO_3)_3$	$HSO_3^- = [SO_2(OH)]^-$	hidrogenosulfito de níquel(III)	hidrogenosulfito de níquel(3+)	tris[hidrogeno(trioxidosulfato)] de níquel, tris(hidrogenosulfito) de níquel	hidroxidodioxidosulfato(1−) de níquel(3+)
$Y_2(CO_3)_3$	$CO_3^{2-} = [CO_3]^{2-}$	carbonato de itrio	carbonato de itrio	tris(trioxidocarbonato) de diitrio, tricarbonato de diitrio	trioxidocarbonato(2−) de itrio

Ejercicio 7.5
Complete la siguiente tabla:

Fórmula	Anión	Vulgar con números romanos	Vulgar con números de carga	De composición	De adición
Fe(MnO$_4$)$_2$	MnO$_4^-$ = [MnO$_4$]$^-$				tetraoxidosilicato(4−) de calcio
	IO$_2^-$ = [IO$_2$]$^-$	yodito de cobre(I)			
Na$_2$MoO$_4$	MoO$_4^{2-}$ = [MoO$_4$]$^{2-}$				trioxidofosfato(3−) de bismuto(3+)
	HCO$_3^-$ = [HCO$_3$]$^-$			tris(hidrogenocarbonato) de aluminio	

Respuesta:

Fórmula	Anión	Vulgar con números romanos	Vulgar con números de carga	De composición	De adición
Fe(MnO$_4$)$_2$	MnO$_4^-$ = [MnO$_4$]$^-$	permanganato de hierro(II)	permanganato de hierro(2+)	bis(tetraoxidomanganato) de hierro, dipermanganato de hierro	tetraoxidomanganato(1−) de hierro(2+)
Ca$_2$SiO$_4$	SiO$_4^{4-}$ = [SiO$_4$]$^{4-}$	silicato de calcio	silicato de calcio	tetraoxidosilicato de dicalcio	tetraoxidosilicato(4−) de calcio
CuIO$_2$	IO$_2^-$ = [IO$_2$]$^-$	yodito de cobre(I)	yodito de cobre(1+)	dioxidoyodato de cobre	dioxidoyodato(1−) de cobre(1+)
Na$_2$MoO$_4$	MoO$_4^{2-}$ = [MoO$_4$]$^{2-}$	molibdato de sodio	molibdato de sodio	tetraoxidomolibdato de disodio	tetraoxidomolibdato(2−) de sodio
BiPO$_3$	PO$_3^{3-}$ = [PO$_3$]$^{3-}$	fosfito de bismuto(III)	fosfito de bismuto(3+)	trioxidofosfato de bismuto	trioxidofosfato(3−) de bismuto(3+)
Al(HCO$_3$)$_3$	HCO$_3^-$ = [CO$_2$(OH)]$^-$	hidrogenocarbonato de aluminio	hidrogenocarbonato de aluminio	tris[hidrogeno(trioxidocarbonato)] de aluminio, tris(hidrogenocarbonato) de aluminio	hidroxidodioxidocarbonato(1−) de aluminio

Capítulo 8

Sales generalizadas y compuestos de adición

8.1. Sales generalizadas

El término de sales generalizadas lo empleamos para designar cualquier compuesto que contiene tres, cuatro o más constituyentes en el que se pueden identificar al menos un ion positivo, o que puede clasificarse como constituyente electropositivo, o al menos un ion negativo, o que puede clasificarse como constituyente electronegativo. La división en constituyentes electropositivos o electronegativos es arbitraria (esta nomenclatura no conlleva ninguna información sobre la estructura).

Para formular el compuesto, disponemos los constituyentes electropositivos seguidos de los electronegativos, ambos ordenados por orden alfanumérico.

Para nombrar el compuesto, citamos primero los constituyentes electronegativos y después los electropositivos, por orden alfabético y sin tener en cuenta los prefijos, con excepción del hidrógeno, que se coloca el último cuando se considera como constituyente electropositivo.

Se emplean los prefijos multiplicadores 'di-', 'tri-', 'tetra-', etc., para especificar el número de un constituyente dado. Si el constituyente empieza por un prefijo multiplicador, si el empleo del prefijo podría cear ambigüedad — si hay dos iones sufato no diríamos disulfato, sino bis(sulfato) porque existe el ion disulfato—, si es compuesto como hidrogenosulfato, etc., se usan los prefijos multiplicadores alternativos 'bis-', 'tris-', 'tetrakis-', etc.

En ciertos casos los prefijos multiplicadores pueden ser omitidos si el estado de oxidación del metal (o metales) es único o está definido.

Ejemplo 1. $CaNa(NO_2)(NO_3)_2$

Ca^{2+} y Na^+ son cationes, ordenados alfabéticamente, y se sitúan por delante de NO_2^- y NO_3^-, aniones, ordenados alfanuméricamente. Su nombre es **dinitra**to **nitr**ito de **c**alcio y **s**odio. No se puede prescindir del prefijo multiplicador.

Ejemplo 2. $Ca_2(OH)_2SO_4$

Ca^{2+} es el catión. Se sitúa por delante de OH^- y SO_4^{2-}, aniones, ordenados alfabéticamente. Su nombre es dihidróxido sulfato de dicalcio. Podemos prescindir del prefijo del calcio y nombrarlo como di**h**idróxido **s**ulfato de calcio.

Ejemplo 3. $NaTl(NO_3)_2$

Na^+ y Tl^+ son cationes. Están ordenados alfabéticamente y se sitúan por delante de NO_3^-, anión. Su nombre es dinitrato de **t**alio y **s**odio. Podemos prescindir del prefijo si lo nombramos como nitrato de talio(I) y sodio.

Ejemplo 4. $Rb_6BrCl(SO_4)_2$

Rb^+ es el catión. Se sitúa por delante de Br^-, Cl^- y SO_4^{2-}, aniones, ordenados alfabéticamente. Su nombre es **b**romuro **c**loruro bis(**s**ulfato) de hexarubidio. Podemos prescindir del prefijo multiplicador del rubidio y nombrarlo como bromuro cloruro bis(sulfato) de rubidio.

Ejemplo 5. KNH_4CO_3

K^+ y NH_4^+ son los cationes. Están ordenados alfabéticamente y se sitúan por delante de CO_3^{2-}, anión. Su nombre es carbonato de **a**monio y **p**otasio.

Veamos otros ejemplos:

$KMgF_3$	fluoruro de magnesio y potasio, trifluoruro de magnesio y potasio
$Ca_5F(PO_4)_3$	fluoruro tris(fosfato) de calcio, fluoruro tris(fosfato) de pentacalcio
$KNa_4Cl(SO_4)_2$	cloruro bis(sulfato) de potasio y tetrasodio
$Cu_2Cl(OH)_3$	cloruro trihidróxido de dicobre, cloruro trihidróxido de cobre(II)
$KLiNaPO_4$	fosfato de litio, potasio y sodio
$MgNa(NO_3)_3$	trinitrato de magnesio y sodio, nitrato de magnesio y sodio
Ag_3ClSO_4	cloruro sulfato de plata, cloruro sulfato de triplata
$BiClO$	cloruro óxido de bismuto

8.2. COMPUESTOS DE ADICIÓN

 Ejercicio 8.1

Complete la siguiente tabla:

bromuro cloruro de calcio	
fluoruro dihidróxido de aluminio	
carbonato dihidróxido de plomo	
cloruro tris(fosfato) de mercurio(II)	
	$Fe(OH)SO_3$
	$BBrF_2$
	$Na_3F(HCO_3)_2$
	$Ca_3H_3ClF(PO_4)(SO_4)_2$

 Respuesta:

bromuro cloruro de calcio	$CaBrCl$
fluoruro dihidróxido de aluminio	$AlF(OH)_2$
carbonato dihidróxido de plomo	$PbCO_3(OH)_2$
cloruro tris(fosfato) de mercurio(II)	$Hg_5Cl(PO_4)_3$
hidróxido sulfito de hierro	$Fe(OH)SO_3$
bromuro difluoruro de boro	$BBrF_2$
fluoruro bis(hidrogenocarbonato) de sodio	$Na_3F(HCO_3)_2$
cloruro fluoruro fosfato bis(sulfato) de tricalcio y trihidrógeno	$Ca_3H_3ClF(PO_4)(SO_4)_2$

 Usted debe saber que:

El criterio para ordenar alfanuméricamente es el siguiente: a) los símbolos atómicos de una sola letra preceden siempre a los de dos letras con la misma letra inicial (C antes que Ca) y los símbolos de dos letras se ordenan alfabéticamente entre ellos (Ca precede a Cr); b) cuando además hay grupos atómicos, se tiene en cuenta el orden alfanumérico (símbolos y subíndices).

Ejemplo: C, CO, CO_2, CS_2, C_2, Ca, Cl, Cl_2, CrO, CrO_2, Cr_2O_3, CuO, Cu_2O, ...

8.2. Compuestos de adición

El término compuestos de adición comprende a los compuestos dador-aceptor (aductos) en los que dos moléculas (un ácido y una base de Lewis) se unen en distintas proporciones sin que se produzcan cambios estructurales y, además, a una variedad de compuestos reticulares entre los que destacamos las sales hidratadas.

Para formular el compuesto, disponemos los componentes (moléculas o unidades fórmula) en orden creciente de su número separados por un punto; si se encontrasen en igual número, se disponen en orden alfanumérico. Delante de cada componente figura un número (si es distinto de la unidad) para indicar la estequiometría del compuesto. En compuestos de adición que contienen agua, esta se dispone convencionalmente la última.

Para nombrarlo, los componentes se separan mediante guiones extralargos. La indicación de la estequiometría del compuesto se indica al final mediante números arábigos separados por una barra o barras (si hay más de dos constituyentes) encerrados entre paréntesis y separados por un espacio en blanco del nombre. El orden de los nombres de los componentes es, primero, según el número creciente de ellos y, segundo, el alfabético. El agua siempre se nombra en último lugar. La IUPAC acepta el nombre genérico de 'hidrato' para las sales hidratadas de estequiometría sencilla mediante la terminación '-hidrato' que sucede al prefijo que indica el número de moléculas de agua de la sal hidratada.

Ejemplo 1. $BF_3 \cdot 2H_2O$

Es un aducto. BF_3 y H_2O son moléculas. El agua se pone convencionalmente la última. Su nombre es trifluoruro de boro—agua (1/2). No es una sal hidratada.

Ejemplo 2. $Na_2CO_3 \cdot 10H_2O$

Es una sal hidratada. Na_2CO_3 es una unidad fórmula y H_2O, una molécula. El agua se pone convencionalmente la última. Su nombre es carbonato de sodio—agua (1/10). Como se trata de una sal hidratada, la nombramos también como carbonato de sodio decahidrato.

Ejemplo 3. $CdSO_4 \cdot 6NH_3$

Es un compuesto de coordinación que podemos expresar formalmente como un compuesto de adición. $CdSO_4$ es una unidad fórmula y NH_3, una molécula. Sus componentes están ordenados de acuerdo a su número. Su nombre es sulfato de cadmio—amoniaco (1/6).

Ejemplo 4. $2Na_2CO_3 \cdot 3H_2O_2$

Es un compuesto de adición. Na_2CO_3 es una unidad fórmula y H_2O_2, una molécula. Sus componentes están ordenados de acuerdo a su número. Su nombre es carbonato de sodio—peróxido de hidrógeno (2/3).

Ejemplo 5. $3CdSO_4 \cdot 8H_2O$

Es una sal hidratada. $CdSO_4$ es una unidad fórmula y H_2O, una molécula. El agua se pone convencionalmente la última. Su nombre es sulfato de cadmio—agua (3/8). Su estequiometría no es sencilla y no la nombramos como 'hidrato'.

8.2. COMPUESTOS DE ADICIÓN

Veamos otros ejemplos:

$8Kr \cdot 46H_2O$	kriptón—agua (8/46)
$Ba(OH)_2 \cdot 8H_2O$	hidróxido de bario—agua (1/8),
	hidróxido de bario octahidrato
$CaCl_2 \cdot 8NH_3$	cloruro de calcio—amoniaco (1/8)
$Ca(H_2PO_4)_2 \cdot H_2O$	dihidrogenofosfato de calcio—agua (1/1),
	dihidrogenofosfato de calcio monohidrato
$BiCl_3 \cdot 3PCl_5$	cloruro de bismuto(III)—cloruro de fósforo(V) (1/3)
$Al_2(SO_4)_3 \cdot K_2SO_4 \cdot 24H_2O^1$	sulfato de aluminio—sulfato de potasio—agua (1/1/24)
$H_2S \cdot 46H_2O$	sulfuro de hidrógeno—agua (1/46)
$8WO_3 \cdot 9Nb_2O_5$	óxido de wolframio(VI)—óxido de niobio(V) (8/9)

✿ Ejercicio 8.2

Complete la siguiente tabla:

$AlK(SO_4)_2 \cdot 12H_2O$	
	cloruro de hierro(III)—agua (1/6)
$N_2H_2 \cdot H_2O$	
	dihidrogeno(tetraoxidomolibdato)—agua (1/1)
$Ba(OH)_2 \cdot 2H_2O$	
	amoniaco—trifluoruro de boro (1/1)
$Zn(IO_3)_2 \cdot 2H_2O$	
	sulfato de calcio—agua (1/0,5)

❀ Respuesta:

$AlK(SO_4)_2 \cdot 12H_2O$	(bis)sulfato de aluminio y potasio—agua (1/12),
	(bis)sulfato de aluminio y potasio dodecahidrato
$FeCl_3 \cdot 6H_2O$	cloruro de hierro(III)—agua (1/6)
$N_2H_2 \cdot H_2O$	hidrazina—agua (1/1)
$H_2MoO_4 \cdot H_2O$	dihidrogeno(tetraoxidomolibdato)—agua (1/1)
$Ba(OH)_2 \cdot 2H_2O$	hidróxido de bario—agua (1/2),
	hidróxido de bario dihidrato
$BF_3 \cdot NH_3$	amoniaco—trifluoruro de boro (1/1)
$Zn(IO_3)_2 \cdot 2H_2O$	yodato de zinc—agua (1/2),
	yodato de zinc dihidrato
$CaSO_4 \cdot 1/2H_2O$	sulfato de calcio—agua (1/0,5)

---

[1] En la fórmula $Al_2(SO_4)_3$ y K_2SO_4 se disponen alfanuméricamente, ya que hay el mismo número de unidades fórmula de cada una. Se nombran por orden alfabético de sus nombres.

Ejercicio 8.3

Complete la siguiente tabla:

Fórmula	Nombre
BeClI	
	fluoruro de cloro y oxígeno
OClF	
	nitrato nitrito de cobre
(NH$_4$)$_3$CO$_3$Cl	
	heptaoxidotetraborato de potasio y sodio
CuK$_5$Sb$_2$	
	carbonato fluoruro de aluminio
CaINO$_2$	
	bromuro cloruro de estroncio
Al(NO$_3$)$_3$·9H$_2$O	
	óxido de bismuto(III)—dióxido de silicio (2/3)
CaCO$_3$·6H$_2$O	
	tiosulfato de sodio—agua (1/5)
KCl·MgCl$_2$·6H$_2$O	

Respuesta:

Fórmula	Nombre
BeClI	cloruro yoduro de berilio
ClOF	fluoruro de cloro y oxígeno
OClF	cloruro fluoruro de oxígeno
CuNO$_2$NO$_3$	nitrato nitrito de cobre
(NH$_4$)$_3$**CO$_3$Cl**	carbonato cloruro de triamonio[2]
KNaB$_4$O$_7$	heptaoxidotetraborato de potasio y sodio
CuK$_5$Sb$_2$	diantimonuro de cobre y pentapotasio
AlCO$_3$F	carbonato fluoruro de aluminio
CaINO$_2$	nitrito yoduro de calcio
SrBrCl	bromuro cloruro de estroncio
Al(NO$_3$)$_3$·9H$_2$O	nitrato de alumino—agua (1/9), nitrato de aluminio nonahidrato
2Bi$_2$O$_3$·3SiO$_2$	óxido de bismuto(III)—dióxido de silicio (2/3)
CaCO$_3$·6H$_2$O	carbonato de calcio—agua (1/6), carbonato de calcio hexahidrato
Na$_2$S$_2$O$_3$·5H$_2$O	tiosulfato de sodio—agua (1/5)
KCl·MgCl$_2$·6H$_2$O	cloruro de magnesio—cloruro de potasio—agua (1/1/6)

---

[1] CO$_2$ precede a Cl porque los símbolos de una letra (C) preceden a los de dos (Cl).

Capítulo 9

Compuestos de coordinación y otras sales

9.1. Compuestos de coordinación

Alfred Werner (1866-1919) propuso la teoría de la coordinación para explicar la estructura y propiedades de ciertos compuestos en los que algunos átomos formaban un número de enlaces impropios de las valencias que se les conocían. Entre estos compuestos, se encontraba el azul de prusia, hexacianuroferrato(II) de hierro(III), cuyo nombre se puso por ser el colorante empleado en la tinción de las telas de los uniformes militares prusianos de la época. Según esta teoría, los compuestos de coordinación están constituidos por un ion complejo formado por un átomo central, generalmente un metal de transición. Este átomo se une mediante enlaces covalentes coordinados a iones o moléculas llamadas ligandos. El conjunto formado por el átomo central y los ligandos se llama esfera interna de coordinación, y los iones que los rodean para neutralizar la carga del ion complejo se llaman esfera externa de coordinación.

Se considera que un compuesto de coordinación es aquel que es o contiene una entidad de coordinación (o complejo), esto es, un grupo de átomos formado por el átomo central y los ligandos que lo rodean. En las fórmulas, la entidad de coordinación se encierra entre corchetes independientemente de que esté cargada o no. Si el compuesto contiene solo una entidad de coordinación, esta puede tener carga positiva o carga negativa (además de la carga de los contraiones para su neutralidad) o ser neutra. Si contiene dos entidades de coordinación, una tiene carga positiva y la otra, negativa.

Los ejemplos siguientes muestran tres de las cuatro posiblilidades:

[Ni(CO)₄]   Na₃[Fe(CN)₆]   [Co(NH₃)₆][Fe(CN)₆]
tetracarbonilníquel(0)   hexacianuroferrato(III) de sodio   hexacianuroferrato(III)
                                                                           de hexaamminocobalto(III)

La entidad de coordinación está constituida por uno o varios átomos centrales, generalmente de un metal de transición (níquel, hierro, cobalto, etc.). Cada ligando tiene como mínimo un par de electrones σ sin compartir que le permita formar el enlace covalente coordinado σ con el metal central, que, a su vez, debe disponer de orbitales vacíos para aceptar la compartición (algunos ligandos pueden formar a la vez enlaces π). Los ligandos que contienen átomos con un par de electrones σ sin compartir se llaman ligandos monodentados. La formación de una entidad de coordinación puede entenderse como una reacción ácido-base de Lewis entre cada ligando y el átomo central. El número de enlaces σ del átomo central con los ligandos se llama número de coordinación.

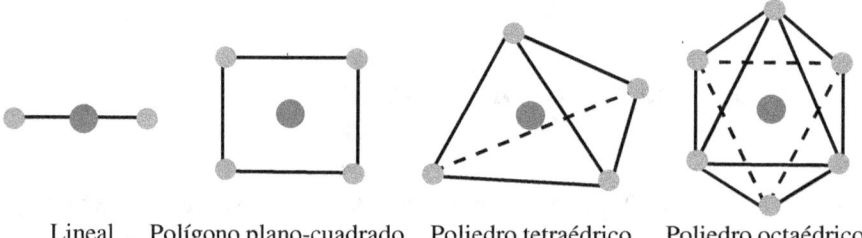

Lineal   Polígono plano-cuadrado   Poliedro tetraédrico   Poliedro octaédrico

Figura 9.1: Ejemplos de poliedros de coordinación

Algunos ligandos poseen más de un átomo con pares de electrones σ sin compartir (átomo ligante o dador) y pueden unirse al átomo central mediante dichos átomos. Estos ligandos se llaman multidentados o quelatos y pueden ser bidentados, tridentados, etc., según dispongan de dos, tres o más átomos ligantes por donde unirse al átomo central (o a varios, en el caso de complejos con más de un átomo central). Algunos ligandos son ambidentados porque pueden establecer solo un enlace con el átomo central pero por dos átomos diferentes.

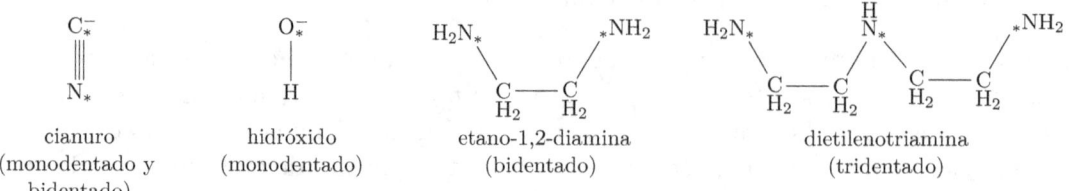

cianuro   hidróxido   etano-1,2-diamina   dietilenotriamina
(monodentado y   (monodentado)   (bidentado)   (tridentado)
bidentado)

Figura 9.2: Algunos ligandos con la indicación de los átomos dadores (*).

La descripción de los compuestos de coordinación puede hacerse mediante el

9.1. COMPUESTOS DE COORDINACIÓN

número de oxidación del átomo central de la entidad de coordinación, mediante la carga de esta o indicando las proporciones estequiométricas de sus iones.

- Número de oxidación

    El número de oxidación del átomo central de una entidad de coordinación se define como la carga que tendría el átomo central descontando la carga de los ligandos. Se expresa mediante números romanos entre paréntesis añadido al átomo central, y puede ser positivo, negativo o cero.

- Número de carga

    El número de carga de la entidad de coordinación es su carga neta. Se expresa mediante números arábigos añadidos al átomo central precediendo el número al signo de la carga y encerrados entre paréntesis.

- Las proporciones estequiométricas de los iones se expresan mediantes prefijos multiplicadores.

Fórmula	Ligandos	Nº de oxidación del átomo central	Nº de carga de la entidad
$[CrCl_2(OH_2)_4]^+$	4 H_2O y 2 Cl^-	III	1+
$[Ni(CO)_4]$	4 CO	0	0
$[Fe(CO)_4]^{2-}$	4 CO	-II	2-

♥ Ejercicio 9.1
Complete la siguiente tabla:

Fórmula	Ligandos	Nº de oxidación del átomo central	Nº de carga de la entidad
$[Co(OH_2)_6]^{3+}$	6 H_2O		
$[CrCl_3(NH_3)_3]$	3 Cl^- y 3 NH_3		
$[Fe(CN)_5CO]^{3-}$	5 CN^- y 1 CO		

Respuesta:

Fórmula	Ligandos	Nº de oxidación del átomo central	Nº de carga de la entidad
$[Co(OH_2)_6]^{3+}$	6 H_2O	III	3+
$[CrCl_3(NH_3)_3]$	3 Cl^- y 3 NH_3	III	0
$[Fe(CN)_5CO]^{3-}$	5 CN^- y 1 CO	II	3-

9.1.1. Nomenclatura de las entidades de coordinación

Nombres de las entidades de coordinación

Los nombres de las entidades de coordinación siguen las reglas de la nomenclatura de adición. En los nombres hay que identificar el átomo central (en el presente trabajo solo vamos a tratar de entidades de coordinación que contengan un solo átomo central) y los ligandos que los rodean con los prefijos que les correspondan. Los nombres de las entidades de coordinación aniónicas acaban con la terminación del metal central en '-ato'.[1] Los nombres de las entidades de coordinación neutras o catiónicas terminan con el nombre del metal sin ninguna modificación.

Tabla VIII. *Fórmulas o abreviaturas y nombre de algunos ligandos*

Fórmula/Abreviatura	Nombre	Fórmula/Abreviatura	Nombre
H^-	hidruro	ox	oxalato
F^-	fluoruro	ONO^-	nitrito-κO
Cl^-	cloruro	NO_2^-	nitrito-κN
I^-	yoduro	H_2O	acua
NH_2^-	amido	NH_3	ammino
N_3^-	azido	CO	carbonil
CN^-	cianuro	NO	nitrosil
SCN^-	tiocianato-κS	en	etano-1,2-diamina
NCS^-	tiocianato-κN	dien	dietilenotriamina
OH^-/HO^-	hidróxido	edta	etilenodiaminatetraacetato
O^{2-}	óxido	py	piridina
O_2^{2-}	peróxido	PPh_3	trifenilfosfano

Se emplean las siguientes reglas:

- Los nombres de los ligandos se citan antes que el del metal.
- Los ligandos se nombran por orden alfabético sin tener en cuenta los prefijos si los tuviere. Para ligandos sencillos se utilizan los prefijos di-, tri-, tetra-, etc. Se debe usar paréntesis para nombrar los ligandos neutros y catiónicos, y los ligandos aniónicos inorgánicos que contengan algún prefijo multiplicador sencillo (como disulfato) y también los orgánicos, especialmente los sustituidos. En estos casos se utilizan los prefijos bis-, tris-, tetrakis-, etc.

---

[1] De hierro, ferrato; de platino, platinato; de cobalto, cobaltato; de plata, argentato; de osmio, osmato; de rutenio, rutenato; ...

9.1. COMPUESTOS DE COORDINACIÓN

Los nombres de los ligandos comunes como acua, ammino, carbonil, nitrosil, etc., no requieren, en general, ir encerrados entre paréntesis.

Así, en la entidad de coordinación $[Fe(C_2O_4)_3(OH_2)_3]^{3-}$ se nombra antes tri**a**cua que tris(**o**xalato).

- No se dejan espacios entre las partes del nombre.

  El nombre de la entidad de coordinación anterior sería:

  $$\text{triacuatris(oxalato)ferrato(III)}$$

  $$x + 3(-2) + 3(0) = -3 \Rightarrow x = 3; n.o. = +3$$

- Se desaconsejan utilizar las abreviaturas de los ligandos.

  Así, el nombre triacuatris(ox)ferrato(III) no sería correcto.

- La entidad de coordinación acaba con el número de oxidación del átomo central o con la carga iónica de ella.

  Podríamos, pues, nombrar también la anterior entidad de coordinación como triacuatris(oxalato)ferrato(3−).

- Cuando un ligando tiene más de un átomo dador, como es el caso de los ligandos ambidentados, hay que especificar, en general, el átomo dador por donde se establece la unión utilizando el convenio kappa (κ). Así, por ejemplo, el ligando nitrito, NO_2^-, puede unirse al átomo central por un átomo de oxígeno (nitrito-κO) o por el átomo de nitrógeno (nitrito-κN). En algunos casos, como cianuro-κC, nitrosil-κN o carbonil-κC, no hay que especificar el átomo dador. En otros casos se puede simplificar el convenio kappa elidiendo la letra κ: nitrito-O y nitrito-N; tiocianato-O y tiocianato-S.

> **⚠ Usted debe saber que:**
>
> Los nombres de los ligandos aniónicos, tanto orgánicos como inorgánicos, se modifican para terminar en '-o' (por ejemplo, de amida a amido, de azida a azido, etc.). En general, si el nombre termina en '-ido', '-uro', '-ito' o '-ato', se les mantiene, como hidróxido, cloruro, sulfito o nitrato.
>
> Los nombres de los ligandos neutros o catiónicos, incluyendo los ligandos orgánicos, se usan sin modificaciones, salvo H_2O, NH_3, CO y NO, que se denominan acua, ammino, carbonil y nitrosil, respectivamente.

Fórmulas de las entidades de coordinación

Las reglas para escribir las fórmulas de las entidades de coordinación son las siguientes:

- Se escribe el símbolo del átomo central y, a continuación, se citan en orden alfanumérico los ligandos (fórmulas o abreviaturas), independientemente de que sean aniónicos, catiónicos o neutros. Así, **CO**, **Cl** y **ox** se ordenarían por las letras C, Cl y O, respectivamente (CO precede a Cl porque los símbolos de una letra, C, preceden a los de dos, Cl).

- Para que la fórmula proporcione mayor información, se recomienda que el átomo dador del ligando se ponga lo más próximo al metal.

  Ejemplo:

  $[Co(OH_2)_6]^{3+}$ en vez de $[Co(H_2O)_6]^{3+}$.

- El metal con los ligandos se encierra entre corchetes y se pone como superíndice fuera del corchete la carga (si es que la entidad de coordinación está cargada), con el número delante del signo. El número de oxidación del átomo central puede representarse con un número romano como superíndice a la derecha de su símbolo.

$$[Ni(CO)_4] \qquad [Fe(CN)_6]^{3-} \qquad [Co^{III}(NH_3)_6]^{3+}$$
$$\text{entidad neutra} \qquad \text{anión} \qquad \text{catión}$$

9.1.2. Nomenclatura de los compuestos de coordinación

Como hemos dicho anteriormente, un compuesto de coordinación es aquel que es o contiene una entidad de coordinación:

- Si el compuesto es una entidad de coordinación, esta es neutra. Se nombra y se formula como hemos visto en el apartado anterior.

$[MnFO_3]$	fluorurotrioxidomanganeso(VII)
$[Cr(CO)_6]$	hexacarbonilcromo(0)
$[PtCl_4(en)]$	tetracloruro(etano-1,2-diamina)platino(IV)

- Si el compuesto contiene una o dos entidades de coordinación, se formula escribiendo primero el catión y después el anión, poniendo los subíndices correspondientes para que la carga neta de la unidad fórmula sea cero.

  Se nombra primero el anión y después el catión.

9.1. COMPUESTOS DE COORDINACIÓN

$K_3[Fe(CN)_6]$	hexacianuroferrato(III) de potasio, hexacianuroferrato(3−) de potasio, hexacianuroferrato de tripotasio
$[Co(en)_3]Cl_3$	cloruro de tris(etano-1,2-diamina)cobalto(III)
$[Co(NH_3)_6]Cl(SO_4)$	cloruro sulfato de hexaamminocobalto(III)
$Na[Al(CN)_2H_2]$	dicianurodihidruroaluminato(III) de sodio
$[MnCl(OH_2)_5]NO_3$	nitrato de pentaacuacloruromanganeso(1+)

> **Ejercicio 9.2**
> Deduzca las fórmulas o nombres de los compuestos siguientes: a) cloruro de hexaacuaaluminio(III); b) tetracianuroniquelato(0) de sodio; c) hexafluoruroferrato(3−) de hexaamminocobalto(3+); d) $K[Co(NH_3)_2(ox)_2]$; e) $[CrCl_2(NH_3)_4]ClO_4$; f) $[PtCl(NH_3)_3][CuCl_3]$.

Respuesta:

a) cloruro de hexacuaaluminio(III)

En la fórmula de este compuesto la entidad de coordinación es el catión, que debe figurar entre corchetes antes del anión.

- Anión: cloruro, Cl^-.
- Catión: hexaacuaaluminio(III).

  El átomo central es el aluminio, con número de oxidación +3. Está unido a 6 ligandos acua, sin carga, luego la carga del catión es 3+. Su fórmula es $[Al(OH_2)_6]^{3+}$.

Puesto que la unidad fórmula ha de ser eléctricamente neutra, debe haber tres iones Cl^- por cada cada ion $[Al(OH_2)_6]^{3+}$, luego la fórmula del compuesto es:

$$[Al(OH_2)_6]Cl_3$$

b) tetracianuroniquelato(0) de sodio

En la fórmula de este compuesto la entidad de coordinación es el anión, que debe figurar entre corchetes después del catión.

- Anión: tetracianuroniquelato(0).

  El átomo central es el níquel, con número de oxidación 0. Está unido a cuatro ligandos cianuro, CN^-, con una carga total de 4−, luego la carga del anión es 4−. Su fórmula es $[Ni(CN)_4]^{4-}$.

- Catión: sodio(1+), Na^+.

Puesto que la unidad fórmula ha de ser eléctricamente neutra, debe haber cuatro iones Na$^+$ por cada ion [Ni(CN)$_4$]$^{4-}$, luego la fórmula del compuesto es:

$$\mathrm{Na_4[Ni(CN)_4]}$$

c) hexafluoruroferrato(3−) de hexaamminocobalto(3+)

En la fórmula de este compuesto las entidades de coordinación son el anión y catión, que deben figurar entre corchetes. El catión precede al anión.

- Anión: hexafluoruroferrato(3−).
  El átomo central es el hierro. Está unido a seis ligandos fluoruro, F$^-$. Su fórmula es [FeF$_6$]$^{3-}$.
- Catión: hexaamminocobalto(3+).
  El átomo central es el cobalto. Está unido a seis ligandos ammino, NH$_3$. Su fórmula es [Co(NH$_3$)$_6$]$^{3+}$.

Puesto que la unidad fórmula ha de ser eléctricamente neutra, debe haber un catión [Co(NH$_3$)$_6$]$^{3+}$ por cada anión [FeF$_6$]$^{3-}$. Luego la fórmula del compuesto es:

$$\mathrm{[Co(NH_3)_6][FeF_6]}$$

d) K[Co(NH$_3$)$_2$(ox)$_2$]

En la fórmula de este compuesto la entidad de coordinación es el anión, que figura entre corchetes después del catión.

- Anión: [Co(ox)$_2$(NH$_3$)$_2$]$^-$, di**a**mminobis(**o**xalato)cobaltato(III).
  El átomo central es el cobalto, con número de oxidación +3, ya que está unido a dos ligandos oxalato, C$_2$O$_4^{2-}$, de carga total 4−, y a dos ligandos ammino, NH$_3$, sin carga, y la entidad de coordinación tiene una carga 1−. Los ligandos se ordenan por orden alfabético. Se utiliza el prefijo multiplicador alternativo para el oxalato porque es un ligando orgánico, y se pone entre paréntesis.
- Catión: K$^+$, potasio(1+).

El nombre del compuesto es:

diamminobis(oxalato)cobaltato(III) de potasio o

diamminobis(oxalato)cobaltato(1−) de potasio

9.1. COMPUESTOS DE COORDINACIÓN

e) $[CrCl_2(NH_3)_4]ClO_4$

En la fórmula de este compuesto la entidad de coordinación es el catión, que figura entre corchetes antes del anión.

- Anión: ClO_4^-, perclorato.
- Catión: $[CrCl_2(NH_3)_4]^+$, tetra**a**mmino**di**cloruro cromo(III).

  El átomo central es el cromo, con número de oxidación +3, ya que está unido a dos ligandos cloruro, Cl^-, con una carga total de 2− y a cuatro ligandos ammino, NH_3, sin carga, y la entidad de coordinación tiene una carga de 1+. Los ligandos se citan por orden alfabético.

El nombre del compuesto es:

perclorato de tetraamminodiclorurocromo(III) o

perclorato de tetraamminodiclorurocromo(1+)

f) $[Pt^{II}Cl(NH_3)_3][Cu^{II}Cl_3]$

En la fórmula de este compuesto tanto el anión como el catión son entidades de coordinación y figuran entre corchetes. El catión precede al anión.

- Anión: $[Cu^{II}Cl_3]^-$, triclorurocuprato(II).
- Catión: $[Pt^{II}Cl(NH_3)_3]^+$, tri**a**mmino**c**loruroplatino(II).

El nombre del compuesto es:

triclorurocuprato(II) de triamminocloruroplatino(II) o

triclorurocuprato(1−) de triamminocloruroplatino(1+)

 Ejercicio 9.3

Deduzca las fórmulas o nombres de los compuestos siguientes: a) cloruro de dibromurobis(etano-1,2-diamina)cobalto(III); b) amminobromurocloruronitrito-κN-platinato(1−) de sodio; c) hexacloruroplatinato(IV) de tetraamminoplatino(IV); d) $K_2[CoCO(SCN)_5]$; e) $(NH_4)_2[CrBr(CN)(O)_2(OH_2)(O_2)]$ f) $[Ni(NH_3)_4(N_3)(OH_2)]SO_4$.

Respuesta:

a) cloruro de dibromurobis(etano-1,2-diamina)cobalto(III)

En la fórmula de este compuesto la entidad de coordinación es el catión, que debe figurar entre corchetes antes del anión.

- Anión: cloruro, Cl^-.
- Catión: dibromurobis(etano-1,2-diamina)cobalto(III).

  El átomo central es el cobalto con número de oxidación +3. Está unido a dos ligandos etano-1,2-diamina, sin carga, y a dos ligandos bromuro, Br^-, con una carga total de 2−, luego la carga del catión es 1+. Su fórmula es $[CoBr_2(en)_2]^+$. En ella aparecen los ligandos **b**romuro y **e**n, la abreviatura del ligando etano-1,2-diamina, ordenados alfabéticamente.

Puesto que la unidad fórmula ha de ser eléctricamente neutra, debe haber un ion Cl^- por cada ion $[CoBr_2(en)_2]^+$, luego la fórmula del compuesto es:

$$[CoBr_2(en)_2]Cl$$

b) amminobromurocloruronitrito-κN-platinato(1−) de sodio

En la fórmula de este compuesto la entidad de coordinación es el anión, que debe figurar entre corchetes después del catión.

- Anión: amminobromurocloruronitrito-κN-platinato(1−).

  El ion central es el platino. La carga del anión es 1−. Su fórmula es $[PtBrCl(NH_3)(NO_2)]^-$. Obsérvese que los ligandos se escriben a continuación del átomo central en orden alfanumérico y que el ligando nitrito-κN se representa como NO_2 y no ONO, pues, según el criterio kappa, el término κN-platinato del nombre significa que el ligando se une al platino por el átomo de nitrógeno.

- Catión: sodio(1+), Na^+.

Puesto que la unidad fórmula ha de ser eléctricamente neutra, debe haber un ion Na^+ por cada ion $[PtBrCl(NH_3)(NO_2)]^-$, luego la fórmula del compuesto es:

$$Na[PtBrCl(NH_3)(NO_2)]$$

c) hexacloruroplatinato(IV) de tetraamminoplatino(IV)

En la fórmula de este compuesto las entidades de coordinación son el anión y el catión, que deben figurar entre corchetes. El catión precede al anión.

- Anión: hexacloruroplatinato(IV).

  El átomo central es el platino con número de oxidación +4. Está unido a seis ligandos cloruro, Cl^-, con una carga total de 6−, luego la carga del anión es 2−. Su fórmula es $[PtCl_6]^{2-}$.

- Catión: tetraamminoplatino(IV)

  El átomo central es el platino con número de oxidación +4. Está unido a cuatro ligandos ammino, NH_3, sin carga, luego la carga del catión es 4+. Su fórmula es $[Pt(NH_3)_4]^{4+}$.

Puesto que la unidad fórmula ha de ser eléctricamente neutra, debe haber dos aniones $[PtCl_6]^{2-}$ por cada catión $[Pt(NH_3)_4]^{4+}$. Luego la fórmula del compuesto es:

$$[Pt(NH_3)_4][PtCl_6]_2$$

d) $K_2[CoCO(SCN)_5]$

En la fórmula de este compuesto la entidad de coordinación es el anión, que figura entre corchetes después del catión.

- Anión: $[CoCO(SCN)_5]^{2-}$, **c**arbonilpentakis(**t**iocianato-κS)cobaltato(III).

  El átomo central es el cobalto con número de oxidación +3, ya que está unido a cinco ligandos tiocianato-κS, SCN^-, con una carga total de 5−, y a un ligando nitrosil, NO, sin carga, y la entidad de coordinación tiene una carga de 2−. Obsérvese que los ligandos se nombran por orden alfabético y que en la fórmula de la entidad de coordinación el ligando es el tiocianato-κS, ya que su átomo dador es el azufre porque es el átomo del ligando más próximo al cobalto.

- Catión: K^+, potasio(1+).

El nombre del compuesto es:

carbonilpentakis(**t**iocianato-κS)cobaltato(III) de potasio o

carbonilpentakis(**t**iocianato-κS)cobaltato(2−) de potasio

e) $(NH_4)_2[CrBr(CN)(O)_2(OH_2)(O_2)]$

En la fórmula de este compuesto la entidad de coordinación es el anión, que figura entre corchetes después del catión.

- Anión: $[CrBr(CN)(O)_2(OH_2)(O_2)]^{2-}$, **a**cua**b**romuro**c**ianurodi**o**xidoperoxidocromato(VI).

  El átomo central es el cromo con número de oxidación +6, ya que está unido a un ligando bromuro, Br^-, un ligando cianuro, CN^-, dos ligandos óxido, O^{2-}, un ligando peróxido, O_2^{2-}, que hacen un total de: $(-1) + (-1) + 2(-2) + (-2) = 8-$ y a un ligando acua, sin carga, y la entidad de coordinación tiene carga 2−. Obsérvese que los ligandos se nombran por orden alfabético y que en la fórmula los ligandos figuran por orden alfanumérico: **Br, CN, O, OH$_2$, O$_2$**.

- Catión: NH_4^+, amonio.

El nombre del compuesto es:

acua**b**romuro**c**ianurodi**o**xido**p**eroxidocromato(VI) de amonio o

acua**b**romuro**c**ianurodi**o**xido**p**eroxidocromato(2−) de amonio

f) $[Ni(NH_3)_4(N_3)(OH_2)]SO_4$

En la fórmula de este compuesto la entidad de coordinación es el catión, que figura entre corchetes antes del anión.

- Anión: SO_4^{2-}, sulfato.
- Catión: $[Ni(NH_3)_4(N_3)(OH_2)]^{2+}$ **a**cuatetra**am**mino**a**zidoníquel(III).

  El ion central es el níquel con número de oxidación +3, ya que está unido a un ligando azido, N_3^-, con una carga de 1−, a cuatro ligandos ammino y a un ligando acua (ambos tipos de ligando sin carga), y la entidad de coordinación tiene carga 2+. Obsérvese que los ligandos se nombran por orden alfabético y que en la fórmula figuran por orden alfanumérico: **NH$_3$, N$_3$, OH$_2$**.

El nombre del compuesto es:

sulfato de acuatetraamminoazidoníquel(III) o

sulfato de acuatetraamminoazidoníquel(2+)

Ejercicio 9.4
Complete la siguiente tabla:

1. $[Co(NH_3)_5(N_3)]SO_4$

2. cloruro de pentaacuahidroxidoaluminio(III)

3. pentacloruronitruroosmato(2−) de potasio

4. $[Co(NH_3)_5(ONO)]Cl_2$

5. tetracloruropaladato(II) de potasio

6. $[PtCl(NH_2CH_3)(NH_3)_2]Cl$

7. amminobromurocloruronitrito-κN-platinato(1−) de sodio

8. $[Ni(NH_3)_4(OH_2)_2]SO_4$

9. tetrafluorurooxidocromato(V) de potasio

10. $[Ag(NH_3)_2]_3[Co(SCN)_6]$

11. triacuabromurodihidroxidohierro(III)

12. $Na_3[Ag(S_2O_3)_2]$

13. dicianurodicloruroaurato(III) de rubidio

14. hexacianurocromato(II) de magnesio trihidrato

15. $Na_2[Ni(edta)]$

16. $[Co(dien)_2](NO_3)_3$

Respuesta:

1. $[Co(NH_3)_5(N_3)]SO_4$
sulfato de pentaamminoazidocobalto(III)
2. $[Al(OH)(OH_2)_5]Cl_2$
cloruro de pentaacuahidroxidoaluminio(III)
3. $K_2[OsCl_5N]$
pentacloruronitruroosmato(2−) de potasio
4. $[Co(NH_3)_5(ONO)]Cl_2$
cloruro de pentaamminonitrito-κO-cobalto(III)
5. $K_2[PdCl_4]$
tetracloruropaladato(II) de potasio
6. $[PtCl(NH_2CH_3)(NH_3)_2]Cl$
cloruro de diamminocloruro(metilamina)platino(II)
7. $Na[PtBrCl(NH_3)(NO_2)]$
amminobromurocloruronitrito-κN-platinato(1−) de sodio
8. $[Ni(NH_3)_4(OH_2)_2]SO_4$
sulfato de diacuatetraamminoníquel(II)
9. $K[CrF_4O]$
tetrafluorurooxidocromato(V) de potasio
10. $[Ag(NH_3)_2]_3[Co(SCN)_6]$
hexakis(tiocianato-κS)cobaltato(III) de diamminoplata(I)
11. $[FeBr(OH)_2(OH_2)_3]$
triacuabromurodihidroxidohierro(III)
12. $Na_3[Ag(S_2O_3)_2]$
bis(tiosulfato)argentato(I) de sodio
13. $Rb[Au(CN)_2Cl_2]$
dicianurodicloruroaurato(III) de rubidio
14. $Mg_2[Cr(CN)_6]\cdot 3H_2O$
hexacianurocromato(II) de magnesio trihidrato
15. $Na_2[Ni(edta)]$
(etilenodiaminatetraacetato)niquelato(II) de sodio
16. $[Co(dien)_2](NO_3)_3$
nitrato de bis(dietilenotriamina)cobalto(III)

9.2. OTRAS SALES

> **Ejercicio 9.5**
>
> a) Escriba la fórmula en línea y la fórmula estructural del ion hexaacua=titanio(III) cuyo poliedro de coordinación es octaédrico.
>
> b) Dibuje las dos posibles fórmulas estructurales del ion diamminodiclo=ruroplatino(2+) cuyos polígonos de coordinación son plano-cuadrados.

a) Las fórmulas son:

Fórmula en línea   Fórmula estructural

b) Los iones son isómeros geométricos. Uno es el *cis* (los ligandos del mismo tipo están próximos, en vértices adyacentes) y el otro el *trans* (los ligandos del mismo tipo están alejados, en vértices opuestos).

cis-diamminodicloruroplatino(2+)   *trans*-diamminodicloruroplatino(2+)

9.2. Otras sales

En esta sección del capítulo tratamos la nomenclatura de otras sales, aquellas que contienen iones homopoliatómicos (capítulo 2) y heteropoliatómicos (capítulo 6) y que no fueron vistas en otros apartados.

Utilizamos fundamentalmente la nomenclatura de composición con prefijos multiplicadores, con números de oxidación y con números de carga. Generalmente, utilizamos del nombre vulgar del ion cuando lo tiene. Veamos algunos ejemplos:

- De composición con prefijos multiplicadores

$(UO_2)_2SO_4$	tetraoxidosulfato de bis(dioxidouranio), sulfato de bis(dioxidouranio)
Na_2S_3	(trisulfuro) de disodio
$(NO_2)_2SO_4$	tetraoxidosulfato de bis(dioxidonitrógeno) sulfato de bis(dioxidonitrógeno)
$Ca(HS)_2$	bis[hidrogeno(sulfuro)] de calcio

CAPÍTULO 9. COMPUESTOS DE COORDINACIÓN Y OTRAS SALES

- De composición con números de oxidación

$(UO_2)_2SO_4$	sulfato de dioxidouranio(V)
$VOCl_2$	cloruro de oxidovanadio(IV)
NO_2NO_3	nitrato de dioxidonitrógeno(V)

- De composición con números de carga

$(UO_2)_2SO_4$	sulfato de dioxidouranio(1+)
KN_3	trinitruro(1−) de potasio; azida de potasio
$RbHS$	hidrurosulfato(1−) de rubidio

Ejercicio 9.6
Complete la siguiente tabla:

UO_2Cl_2	
	oxidoaluminato(1−) de sodio
$(VO_2)_2SO_4$	
	tiocianato de plata
SOF_2	
	bis[hidrogeno(selenuro)] de hierro
$POCl_3$	
	imida de amonio

Respuesta:

UO_2Cl_2	dicloruro de dioxidouranio, cloruro de dioxidouranio(2+), cloruro de dioxidouranio(VI)
$NaAlO$	oxidoaluminato(1−) de sodio
$(VO_2)_2SO_4$	sulfato de bis(dioxidovanadio), sulfato de dioxidovanadio(1+), sulfato de dioxidovanadio(V)
$AgSCN$	tiocianato de plata
SOF_2	difluoruro de oxidoazufre, fluoruro de oxidoazufre(2+), fluoruro de oxidoazufre(IV)
$Fe(HSe)_2$	bis[hidrogeno(selenuro)] de hierro
$POCl_3$	tricloruro de oxidofósforo, cloruro de oxidofósforo(3+), cloruro de oxidofósforo(V)
$(NH_4)_2NH$	imida de amonio

Ejercicio 9.7
Complete la siguiente tabla:

#	Fórmula / Nombre
1.	[RuCl(NH$_3$)$_5$]Cl$_2$
2.	carbonilclorurobis(trifenilfosfano)rodio(I)
3.	nitrato de triacuadiamminohidroxidocromo(II)
4.	[CrCl$_2$(OH$_2$)$_4$]Cl·2H$_2$O
5.	nitrito de clorurobis(etano-1,2-diamina)(tiocianato-κS)cobalto(III)
6.	[Co(NH$_3$)$_6$][Cr(CN)$_6$]
7.	[Co(NH$_3$)$_3$(ONO)$_3$]
8.	[Pt^{II}(NH$_3$)$_4$][Cu^{II}Cl$_4$]
9.	(etilenodiaminatetraacetato)ferrato(II) de potasio
10.	dicloruro(etano-1,2-diamina)(oxalato)ferrato(III) de sodio
11.	K[PtBrCl$_2$(py)]
12.	pentacianuronitrosilferrato(III) de amonio
13.	Ba(NH$_2$)$_2$
14.	fluoruro de dioxidonitrógeno(1+)
15.	Ba(BrF$_4$)$_2$
16.	bromuro de oxidoazufre(IV)

CAPÍTULO 9. COMPUESTOS DE COORDINACIÓN Y OTRAS SALES

Respuesta:

1. $[RuCl(NH_3)_5]Cl_2$
cloruro de pentaamminoclorurorutenio(III)
2. $[Rh(CO)Cl(PPh_3)_2]$
carbonilclorurobis(trifenilfosfano)rodio(I)
3. $[Cr(NH_3)_2(OH)(OH_2)_3]NO_3$
nitrato de triacuadiamminohidroxidocromo(II)
4. $[CrCl_2(OH_2)_4]Cl \cdot 2H_2O$
cloruro de tetraacuadiclorurocromo(III) dihidrato
5. $[CoCl(en)_2(SCN)]NO_2$
nitrito de clorurobis(etano-1,2-diamina)(tiocianato-κS)cobalto(III)
6. $[Co(NH_3)_6][Cr(CN)_6]$
hexacianurocromato(3−) de hexaamminocobalto(3+)
7. $[Co(NH_3)_3(ONO)_3]$
triamminotrinitrito-κO-cobalto(III)
8. $[Pt^{II}(NH_3)_4][Cu^{II}Cl_4]$
tetraclorurocuprato(II) de tetraamminoplatino(II)
9. $K_2[Fe(edta)]$
(etilenodiaminatetraacetato)ferrato(II) de potasio
10. $Na[FeCl_2(en)(ox)]$
dicloruro(etano-1,2-diamina)(oxalato)ferrato(III) de sodio
11. $K[PtBrCl_2(py)]$
bromurodicloruro(piridina)platinato(II) de potasio
12. $(NH_4)_2[Fe(CN)_5NO]$
pentacianuronitrosilferrato(III) de amonio
13. $Ba(NH_2)_2$
amida de bario
14. NO_2F
fluoruro de dioxidonitrógeno(1+)[2]
15. $Ba(BrF_4)_2$
bis(tetrafluorurobromato) de bario
16. $SOBr_2$
bromuro de oxidoazufre(IV)

---

[2] Alfabéticamente, se formularía como NFO_2, siendo N el constituyente electropositivo, y F y O, los electronegativos. Formulado así, su nombre sería fluoruro dióxido de nitrógeno. Análogamente, el ejemplo del apartado 16, SBr_2O: dibromuro óxido de azufre.

Capítulo 10

Ejercicios de recapitulación

En este capítulo se ofrecen una colección de 50 ejercicios de nomenclatura de compuestos como práctica después de lo que se ha visto en los distintos capítulos. Los treinta primeros ejercicios corresponden a un nivel de bachillerato y los últimos veinte, de mayor dificultad, corresponden a un nivel de un primer curso de un grado de ciencias. En cada uno se pide que se formulen tres compuestos a partir de sus nombres respectivos (se propone, en general, el más utilizado) y que se nombren tres compuestos a partir de sus fórmulas respectivas. En la solución del ejercicio se ofrecen las tres fórmulas correspondientes a los nombres y los nombres correspondientes a las tres fórmulas que se han propuesto, indicando los nombres más usuales en las columnas rellenas en gris de una tabla, cuál de ellos es el que normalmente se utiliza cuando nos referimos a ese compuesto y el motivo que hay para ello. A continuación, se ofrece un resumen de la nomenclatura de los compuestos que se ha visto en los capítulos anteriores.

10.1. Compuestos binarios

■ Hidruros

▶ Hidruros iónicos (con metales de los grupos 1 y 2, excepto Be y Mg)

Fórmula	De composición con pref. multiplicadores	De composición con números romanos	De composición con números de carga
SrH_2	hidruro de estroncio, |dihidruro de estroncio|	hidruro de estroncio	hidruro de estroncio
CsH	hidruro de cesio	hidruro de cesio	hidruro cesio

En los hidruros de todos los elementos, coinciden los nombres en las distintas nomenclaturas porque el número de oxidación es único (+1 para los metales alcalinos y +2 para los metales alcalinotérreos).

▶ Hidruros metálicos (con algunos metales de transición y transición interna)

Fórmula	De composición con pref. multiplicadores	De composición con números romanos
LaH_2	dihidruro de lantano	hidruro de lantano(II)
UH_3	trihidruro de uranio	hidruro de uranio(III)

Como el metal no suele utilizar números de oxidación normales, figuran los números romanos en los nombres de los hidruros que normalmente tienen un único número de oxidación. No se nombran con la nomenclatura de composición con números de carga porque no son sustancias iónicas.

▶ Hidruros covalentes con los elementos de los grupos 13, 14 y 15

Fórmula	De composición con pref. multiplicadores	De sustitución (hidruros progenitores)	Vulgar
NH_3	trihidruro de nitrógeno	~~azano~~	amoniaco
AsH_3	trihidruro de arsénico	arsano	(no tiene)

Se utiliza más el nombre de composición con prefijos multiplicadores, con la excepción del nombre vulgar amoniaco para NH_3. No se suele utilizar el nombre de composición con números romanos porque en muchos casos hay ambigüedad en la estequiometría del compuesto (compuestos poliméricos del boro) y compuestos del aluminio y berilio, ya que presentan números de oxidación no habituales.

▶ Hidruros covalentes con los elementos de los grupos 16 y 17

Fórmula	De composición con pref. multiplicadores	De sustitución (hidruros progenitores)	Vulgar
HF	fluoruro de hidrógeno	fluorano	fluoruro de hidrógeno
H_2Te	telururo de dihidrógeno	telano	telururo de hidrógeno

Se utiliza más el nombre tradicional si lo tiene, aunque la IUPAC recomienda utilizar preferentemente el nombre composición con prefijos multiplicadores.

10.2. HIDRÓXIDOS, CIANUROS Y SALES DE AMONIO

■ Compuestos binarios metal + no metal

Fórmula	De composición con pref. multiplicadores	De composición con números romanos	De composición con números de carga
Li_2O	|óxido de dilitio|, óxido de litio	óxido de litio	óxido de litio
PbS_2	disulfuro de plomo	sulfuro de plomo(IV)	sulfuro de plomo(4+)

Se utiliza más la nomenclatura de composición con números romanos.

■ Compuestos binarios no metal + no metal

Fórmula	De composición con pref. multiplicadores	De composición con números romanos
BF_3	trifluoruro de boro	fluoruro de boro(III)[1]
SO_2	dióxido de azufre	óxido de azufre(IV)

Se utiliza más la nomenclatura de composición con prefijos multiplicadores.

■ Peróxidos, superóxidos y ozónidos

Fórmula	De composición con pref. multiplicadores	De composición con (explicativa)	Vulgar
MgO_2	dióxido de magnesio	dióxido(2−) de magnesio	peróxido de magnesio
KO_2	dióxido de potasio	dióxido(1−) de potasio	superóxido de potasio
RbO_3	trióxido de rubidio	trióxido(1−) de rubidio	ozónido de rubidio

Se utiliza más el nombre vulgar, en el caso de que lo tenga.

10.2. Hidróxidos, cianuros y sales de amonio

Fórmula	De composición con pref. multiplicadores	De composición con números romanos	De composición con números de carga
$Ba(OH)_2$	hidróxido de bario, |dihidróxido de bario|	hidróxido de bario	hidróxido de bario
$Pb(CN)_2$	dicianuro de plomo	cianuro de plomo(II)	cianuro de plomo(2+)

Para los hidróxidos y los cianuros se utiliza más la nomenclatura de composición con números romanos. Para las sales de amonio se utiliza la nomenclatura de composición sin prefijos multiplicadores, pues no existe ambigüedad.

---
[1] Existe también el BF, monofluoruro de boro o fluoruro de boro(I)

10.3. Oxoácidos

Fórmula	Vulgar	De hidrógeno	De adición
$HNO_3 = [NO_2(OH)]$	ácido nítrico	hidrogeno(trioxidonitrato)	hidroxidodioxidonitrógeno
$HClO_4 = [ClO_3(OH)]$	ácido perclórico	hidrogeno(tetraoxidoclorato)	hidroxidotrioxidocloro
$H_3PO_4 = [PO(OH)_3]$	ácido fosfórico	trihidrogeno(tetraoxidofosfato)	trihidroxidooxidofósforo
$H_2CrO_4 = [CrO_2(OH)_2]$	~~ácido crómico~~	dihidrogeno(tetraoxidocromato)	dihidroxidodioxidocromo

Se utiliza más el nombre vulgar, salvo que no esté aceptado para un ácido en concreto.

10.4. Oxosales

Fórmula	Catión	Anión	Vulgar con números romanos	Vulgar con números de carga	De composición	De adición
$Pb(CO_3)_2$	Pb^{4+}	$CO_3^{2-}=[CO_3]^{2-}$	carbonato de plomo(IV)	carbonato de plomo(4+)	bis(trioxidocarbonato) de plomo, dicarbonato de plomo	trioxidocarbonato(2−) de plomo(4+)
$Sr_3(PO_4)_2$	Sr^{2+}	$PO_4^{3-}=[PO_4]^{3-}$	fosfato de estroncio	fosfato de estroncio	bis(tetraoxidofosfato) de triestroncio, bis(fosfato) de triestroncio	tetraoxidofosfato(3−) de estroncio
Na_2WO_4	Na^+	$WO_4^{2-}=[WO_4]^{2-}$	~~wolframato de sodio~~	~~wolframato de sodio~~	tetraoxidowolframato de disodio	tetraoxidowolframato(2−) de sodio
$Cr(HSO_4)_2$	Cr^{2+}	$HSO_4^-=[SO_3(OH)]^-$	hidrogenosulfato de cromo(II)	hidrogenosulfato de cromo(2+)	bis[hidrogeno(tetraoxido= sulfato)] de cromo	hidroxidotrioxidosulfato(1−) de cromo(2+)

Se utiliza más el nombre vulgar, salvo que no esté aceptado para una sal en concreto.

10.5. Sales generalizadas y compuestos de adición

■ Sales generalizadas

$AlNa(SO_4)_2$ | bis(sulfato) de aluminio y sodio, sulfato de aluminio y sodio

Se citan primero los constituyentes electronegativos y después los electropositivos, por orden alfabético. En ciertos casos los prefijos multiplicadores pueden ser omitidos si el estado de oxidación del metal (o metales) es único o está definido.

■ Compuestos de adición

$FeSO_4 \cdot 7H_2O$ | sulfato de hierro(II)—agua (1/7), sulfato de hierro(II) heptahidrato

Los componentes se citan según su número de componentes creciente separados mediante guiones extralargos. La indicación de la estequiometría del compuesto se indica al final mediante números arábigos separados por una barra encerrados entre paréntesis y separados por un espacio en blanco del nombre. En el caso de sales hidratadas de estequiometría sencilla acaban con el término '-hidrato' que sucede al prefijo que indica el número de moléculas de agua.

10.6. Compuestos de coordinación y otras sales

■ Compuestos de coordinación

$K_2[Co(CO)(SCN)_5]$ | carbonilpentakis(tiocianato-κS)cobaltato(2−) de potasio, carbonilpentakis(tiocianato-κS)cobaltato de dipotasio
$[Cr(NH_3)_6][Co(ox)_3]$ | tris(oxalato)cobaltato(III) de hexaamminocromo(III)

Los compuestos se nombran utilizando la nomenclatura de composición con el número de oxidación del metal central (la nomenclatura más usual), con el número de carga de la entidad de coordinación o mediante prefijos multiplicadores.

■ Otras sales

$UO_2(NO_3)_2$ | nitrato de dioxidouranio(VI), nitrato de dioxidouranio(2+), dinitrato de dioxidouranio
KN_3 | trinitruro(1−) de potasio; azida de potasio

Se utiliza fundamentalmente la nomenclatura de composición con prefijos multiplicadores, con números de oxidación y con números de carga. Se utiliza más el nombre vulgar aceptado del ion cuando lo tiene.

10.7. Ejercicios

A continuación se muestran los 50 ejercicios resueltos:

Ejercicio 10.1

Formule o nombre los compuestos: a) bromuro de cobre(II); b) hidróxido de galio; c) fosfito de potasio; d) Sb_2O_3; e) $HClO_3$; f) Cs_2CrO_4.

Respuesta:

a) bromuro de cobre(II): $CuBr_2$.

b) hidróxido de galio: $Ga(OH)_3$.

c) fosfito de potasio: K_3PO_3.

d) Sb_2O_3

Con prefijos multiplicadores	Con números romanos
trióxido de diantimonio	óxido de antimonio(III)

Se utiliza más el nombre trióxido de diantimonio.

e) $HClO_3$

Vulgar	De hidrógeno
ácido clórico	hidrogeno(trioxidoclorato)

Se utiliza más el nombre de ácido clórico.

Conocida la fórmula estructural del ácido, $[ClO_2(OH)]$, podemos nombrarlo como hidroxidodioxidocloro.

f) Cs_2CrO_4

Esta sal está formada por iones Cs^+ y CrO_4^{2-} en la relación 2:1, respectivamente.

Vulgar con números romanos	Vulgar con números de carga	De composición
cromato de cesio	cromato de cesio	tetraoxidocromato de dicesio

Conocida la fórmula estructural del anión, $[CrO_4]^{2-}$, podemos nombrar el compuesto como tetraoxidocromato(2−) de cesio.

Ejercicio 10.2

Formule o nombre los compuestos: a) pentafluoruro de antimonio; b) hidróxido de plomo(II); c) nitrito de cadmio; d) Au_2O_3; e) AsH_3; f) $NiPO_4$.

Respuesta:

a) pentafluoruro de antimonio: SbF_5.

b) hidróxido de plomo(II): $Pb(OH)_2$.

c) nitrito de cadmio: $Cd(NO_2)_2$.

d) Au_2O_3

Con prefijos multiplicadores	Con números romanos	Con números de carga
trióxido de dioro	óxido de oro(III)	óxido de oro(3+)

Se utiliza más el nombre óxido de oro(III) (combinación de un metal y un no metal).

e) AsH_3

Con prefijos multiplicadores	De hidruros progenitores
trihidruro de arsénico	arsano

La IUPAC ya no acepta el nombre arsina.

f) $NiPO_4$

Esta sal está formada por iones Ni^{3+} y PO_4^{3-} en la relación 1:1.

Vulgar con números romanos	Vulgar con números de carga	De composición
fosfato de níquel(III)	fosfato de níquel(3+)	tetraoxidofosfato de níquel

Conocida la fórmula estructural del anión, $[PO_4]^{3-}$, podemos nombrar el compuesto como tetraoxidofosfato(3−) de níquel(3+) mediante la nomenclatura de adición.

> **Ejercicio 10.3**
> Formule o nombre los compuestos: a) óxido de platino(II); b) astaturo de hidrógeno; c) selenato de amonio; d) SiCl$_4$; e) H$_2$SO$_3$; f) Fe(ClO$_3$)$_2$.

Respuesta:

a) óxido de platino(II): PtO.

b) astaturo de hidrógeno: HAt.

c) selenato de amonio: (NH$_4$)$_2$SeO$_4$.

d) SiCl$_4$

Con prefijos multiplicadores	Con números romanos
tetracloruro de silicio	cloruro de silicio(IV)

Se utiliza más el nombre tetracloruro de silicio (combinación de dos no metales).

e) H$_2$SO$_3$

Vulgar	De hidrógeno
ácido sulfuroso	dihidrogeno(trioxidosulfato)

Se utiliza más el nombre ácido sulfuroso.

Conocida la fórmula estructural del ácido, [SO(OH)$_2$], podemos nombrarlo como dihidroxidooxidoazufre mediante la nomenclatura de adición.

f) Fe(ClO$_3$)$_2$

Esta sal está formada por iones Fe^{2+} y ClO$_3^-$ en la relación 1:2, respectivamente.

Vulgar con números romanos	Vulgar con números de carga	De composición
clorato de hierro(II)	clorato de hierro(2+)	bis(trioxidoclorato) de hierro, diclorato de hierro

Conocida la fórmula estructural del anión, [ClO$_3$]$^-$, podemos nombrar el compuesto como trioxidoclorato(1−) de hierro(2+).

Ejercicio 10.4

Formule o nombre los compuestos: a) peróxido de magnesio; b) trihidruro de talio; c) permanganato de sodio; d) Na$_2$S; e) H$_2$TeO$_4$; f) Li$_2$SO$_4$.

Respuesta:

a) peróxido de magnesio : MgO$_2$.

b) trihidruro de talio: TlH$_3$.

c) permanganato de sodio: NaMnO$_4$.

d) Na$_2$S

Con prefijos multiplicadores	Con números romanos	Con números de carga
|sulfuro de disodio|, sulfuro de sodio	sulfuro de sodio	sulfuro de sodio

e) H$_2$TeO$_4$

Vulgar	De hidrógeno
ácido telúrico	dihidrogeno(tetraoxidotelurato)

Es más utilizado el nombre de ácido telúrico.

Conocida su fórmula estructural, [TeO$_2$(OH)$_2$], podemos nombrarlo como dihidroxidodioxidotelurio mediante la nomenclatura de adición.

f) Li$_2$SO$_4$

Esta sal está formada por iones Li$^+$ y SO$_4^{2-}$ en la relación 2:1, respectivamente.

Vulgar con números romanos	Vulgar con números de carga	De composición
sulfato de litio	sulfato de litio	tetraoxidosulfato de dilitio

Conocida la fórmula estructural del anión, [SO$_4$]$^{2-}$, podemos nombrar el compuesto como tetraoxidosulfato(2−) de litio mediante la nomenclatura de adición.

Ejercicio 10.5

Formule o nombre los compuestos: a) óxido de osmio(VIII); b) selenuro de hidrógeno; c) peryodato de estroncio; d) Li$_2$O$_2$; e) Co(OH)$_2$; f) Rb$_2$CO$_3$.

Respuesta:

a) óxido de osmio(VIII): OsO$_4$.

b) selenuro de hidrógeno: H$_2$Se.

c) peryodato de estroncio: Sr(IO$_4$)$_2$.

d) Li$_2$O$_2$

Con prefijos multiplicadores	Con más información	Vulgar
dióxido de dilitio	dióxido(2−) de litio	peróxido de litio

Se utiliza más el nombre peróxido de litio.

e) Co(OH)$_2$

Con prefijos multiplicadores	Con números romanos	Con números de cargas
dihidróxido de cobalto	hidróxido de cobalto(II)	hidróxido de cobalto(2+)

Se utiliza más el nombre hidróxido de cobalto(II).

f) Rb$_2$CO$_3$

Esta sal está formada por iones Rb$^+$ y CO$_3^{2-}$ en la relación 2:1, respectivamente.

Vulgar con números romanos	Vulgar con números de carga	De composición
carbonato de rubidio	carbonato de rubidio	trioxidocarbonato de dirubidio

Conocida la fórmula estructural del anión, [CO$_3$]$^{2-}$, podemos nombrar el compuesto como trioxidocarbonato(2−) de rubidio.

10.7. EJERCICIOS

Ejercicio 10.6

Formule o nombre los compuestos: a) sulfuro de hidrógeno; b) ácido perbrómico; c) hipoclorito de calcio; d) NO_2; e) CaO; f) $Sc(H_2BO_3)_3$.

Respuesta:

a) sulfuro de hidrógeno: H_2S.

b) ácido perbrómico: $HBrO_4$.

c) hipoclorito de calcio: $Ca(ClO)_2$.

d) NO_2

Con prefijos multiplicadores	Con números romanos
dióxido de nitrógeno	óxido de nitrógeno(IV)

Se debe utilizar el nombre de dióxido de nitrógeno porque hay ambigüedad en el nombre de óxido de nitrógeno(IV), pues puede referirse también a la sustancia N_2O_4.

e) CaO

Con prefijos multiplicadores	Con números romanos	Con números de carga
óxido de calcio	óxido de calcio	óxido de calcio

f) $Sc(H_2BO_3)_3$

Esta sal está formada por iones Sc^{3+} y $H_2BO_3^-$ en la relación 1:3, respectivamente.

Vulgar con números romanos	Vulgar con números de carga	De composición
dihidrogenoborato de escandio	dihidrogenoborato de escandio	tris[dihidrogeno(trioxidoborato)] de escandio, tris(dihidrogenoborato) de escandio

Conocida la fórmula estructural del anión, $[BO(OH)_2]^-$, podemos nombrarla también como dihidroxidooxidoborato(1−) de escandio.

Ejercicio 10.7

Formule o nombre los compuestos: a) yoduro de mercurio(I); b) ácido bórico; c) sulfito de hierro(III); d) O_5Br_2; e) HCl; f) $Al(NO_2)_3$.

Respuesta:

a) yoduro de mercurio(I): HgI.

b) ácido bórico: H_3BO_3.

c) sulfito de hierro(III): $Fe_2(SO_3)_3$.

d) O_5Br_2

Con prefijos multiplicadores
dibromuro de pentaoxígeno

e) HCl

Con prefijos multiplicadores	De hidruros progenitores
cloruro de hidrógeno	clorano

Es más utilizado el nombre de cloruro de hidrógeno. Hay que distinguir este compuesto del ácido clorhídrico, HCl(aq), que no es un compuesto, sino una disolución acuosa de cloruro de hidrógeno.

f) $Al(NO_2)_3$

Esta sal está formada por iones Al^{3+} y NO_2^- en la relación 1:3, respectivamente.

Vulgar con números romanos	Vulgar con números de carga	De composición
nitrito de aluminio	nitrito de aluminio	tris(dioxidonitrato) de aluminio, trinitrito de aluminio

Conocida la fórmula estructural del anión, $[NO_2]^-$, podemos nombrar el compuesto como dioxidonitrato(1−) de aluminio mediante la nomenclatura de adición.

Ejercicio 10.8

Formule o nombre los compuestos: a) cloruro de cesio; b) ácido fosfórico; c) cromato de sodio; d) CO; e) Be(OH)$_2$; f) KHSO$_4$.

Respuesta:

a) cloruro de cesio: CsCl.

b) ácido fosfórico: H$_3$PO$_4$.

c) cromato de sodio: Na$_2$CrO$_4$.

d) CO

Con prefijos multiplicadores	Con números romanos
monóxido de carbono, |óxido de carbono|	óxido de carbono(II)

Se utiliza más el nombre de monóxido de carbono (combinación de dos no metales).

e) Be(OH)$_2$

Con prefijos multiplicadores	Con números romanos	Con números de carga
hidróxido de berilio, |dihidróxido de berilio|	hidróxido de berilio	hidróxido de berilio

Se utiliza más el nombre de hidróxido de berilio.

f) KHSO$_4$

Esta sal está formada por iones K$^+$ y HSO$_4^-$ en la relación 1:1.

Vulgar con números romanos	Vulgar con números de carga	De composición
hidrogenosulfato de potasio	hidrogenosulfato de potasio	hidrogeno(tetraoxidosulfato) de potasio

Conocida la fórmula estructural del anión, [SO$_3$(OH)]$^-$, podemos nombrar el compuesto como hidroxidotrioxidosulfato(1−) de potasio mediante la nomenclatura de adición.

Ejercicio 10.9

Formule o nombre los compuestos: a) hidróxido de cobre(I); b) selenuro de níquel(III); c) dihidrogenofosfato de sodio; d) HIO$_2$; e) P$_2$O$_5$; f) Ag$_2$SeO$_4$.

 Respuesta:

a) hidróxido de cobre(I): CuOH.

b) selenuro de níquel(III): Ni$_2$Se$_3$.

c) dihidrogenofosfato de sodio: NaH$_2$PO$_4$.

d) HIO$_2$

Vulgar	De hidrógeno
ácido yodoso	hidrogeno(dioxidoyodato)

Es más utilizado el nombre de ácido yodoso.

Conocida la fórmula estructural del ácido, [IO(OH)], podemos nombrarlo como hidroxidooxidoyodo mediante la nomenclatura de adición.

e) P$_2$O$_5$

Con prefijos multiplicadores	Con números romanos
pentaóxido de difósforo	óxido de fósforo(V)

Se utiliza más el nombre pentaóxido de difósforo (combinación de dos no metales).

f) Ag$_2$SeO$_4$

Esta sal está formada por iones Ag$^+$ y SeO$_4^{2-}$ en la relación 2:1.

Vulgar con números romanos	Vulgar con números de carga	De composición
selenato de plata	selenato de plata	tetraoxidoselenato de diplata

Conocida la fórmula del anión, [SeO$_4$]$^{2-}$, podemos también nombrar el compuesto como tetraoxidoselenato(2−) de plata mediante la nomenclatura de adición.

10.7. EJERCICIOS

 Ejercicio 10.10

Formule o nombre los compuestos: a) dióxido de plutonio; b) estibano; c) dicromato de potasio; d) $HBrO_4$; e) SiF_4; f) $Pb(NO_3)_2$.

Respuesta:

a) dióxido de plutonio: PuO_2.

b) estibano: SbH_3.

c) dicromato de potasio: $K_2Cr_2O_7$.

d) $HBrO_4$

Vulgar	De hidrógeno
ácido perbrómico	hidrogeno(tetraoxidobromato)

Es más utilizado el nombre de ácido perbrómico.

Conocida la fórmula estructural del ácido, $[BrO_3(OH)]$, lo nombramos como hidroxidotrioxidobromo mediante la nomenclatura de adición.

e) SiF_4

Con prefijos multiplicadores	Con números romanos
tetrafluoruro de silicio	fluoruro de silicio(IV)

Se utiliza más el nombre tetrafluoruro de silicio (combinación de dos no metales).

f) $Pb(NO_3)_2$

Esta sal está formada por iones Pb^{2+} y NO_3^- en la relación 1:2, respectivamente.

Vulgar con números romanos	Vulgar con números de carga	De composición
nitrato de plomo(II)	nitrato de plomo(2+)	bis(trioxidonitrato) de plomo, dinitrato de plomo

Conocida la fórmula del anión, $[NO_3]^-$, podemos también nombrar el compuesto como trioxidonitrato(1−) de plomo(2+) mediante la nomenclatura de adición.

Ejercicio 10.11

Formule o nombre los compuestos: a) tetrafluoruro de azufre; b) bromuro de hidrógeno; c) yodito de oro(III); d) SnO; e) H_3AsO_3; f) $Cu(MnO_4)_2$.

Respuesta:

a) tetrafluoruro de azufre: SF_4.

b) bromuro de hidrógeno: HBr.

c) yodito de oro(III): $Au(IO_2)_3$.

d) SnO

Con prefijos multiplicadores	Con números romanos	Con números de carga
monóxido de estaño, |óxido de estaño|	óxido de estaño(II)	óxido de estaño(2+)

Se utiliza más el nombre óxido de estaño(II) (un metal y un no metal).

e) H_3AsO_3

Vulgar	De hidrógeno
ácido arsenoso	trihidrogeno(trioxidoarsenato)

Se utiliza más el nombre ácido arsenoso.

Conocida la fórmula estructural del ácido, $[As(OH)_3]$, podemos nombrarlo como trihidroxidoarsénico.

f) $Cu(MnO_4)_2$

Compuesto formado por iones Cu^{2+} y MnO_4^- en la relación 1:2, respectivamente.

Vulgar con números romanos	Vulgar con números de carga	De composición
permanganato de cobre(II)	permanganato de cobre(2+)	bis(tetraoxidomanganato) de cobre, dipermanganato de cobre

Conocida la fórmula del anión, $[MnO_4]^-$, podemos nombrar el compuesto como tetraoxidomanganato(1−) de cobre(2+).

Ejercicio 10.12

Formule o nombre los compuestos: a) peróxido de hidrógeno; b) ácido hipocloroso; c) arsenato de zinc; d) MnS; e) Fe(OH)$_2$; f) NaHCO$_3$.

Respuesta:

a) peróxido de hidrógeno: H$_2$O$_2$.

b) ácido hipocloroso: HClO.

c) arsenato de zinc: Zn$_3$(AsO$_4$)$_2$.

d) MnS

Con prefijos multiplicadores	Con números romanos	Con número de carga
monosulfuro de manganeso, |sulfuro de manganeso|	sulfuro de manganeso(II)	sulfuro de manganeso(2+)

Se utiliza más el nombre de sulfuro de manganeso(II).

e) Fe(OH)$_2$

Con prefijos multiplicadores	Con números romanos	Con números de cargas
dihidróxido de hierro	hidróxido de hierro(II)	hidróxido de hierro(2+)

Se utiliza más el nombre hidróxido de hierro(II).

f) NaHCO$_3$

Esta sal está formada por iones Na$^+$ y HCO$_3^-$ en la relación 1:1.

Vulgar con números romanos	Vulgar con números de carga	De composición
hidrogenocarbonato de sodio	hidrogenocarbonato de sodio	hidrogeno(trioxidocarbonato) de sodio

Conocida la fórmula estructural del anión, [CO$_2$(OH)]$^-$, podemos nombrar el compuesto como hidroxidodioxidocarbonato(1−) de sodio.

Ejercicio 10.13

Formule o nombre los compuestos: a) óxido de litio; b) fosfano; c) bromato de aluminio; d) BaO_2; e) CaH_2; f) NH_4ClO.

Respuesta:

a) óxido de litio: Li_2O.

b) fosfano: PH_3.

c) bromato de aluminio: $Al(BrO_3)_3$.

d) BaO_2

Con prefijos multiplicadores	Con más información	Vulgar
dióxido de bario	dióxido(2−) de bario	peróxido de bario

Se utiliza más el nombre peróxido de bario.

e) CaH_2

Con prefijos multiplicadores	Con números romanos	Con números de carga
|dihidruro de calcio|, hidruro de calcio	hidruro de calcio	hidruro de calcio

No se utiliza el nombre de dihidruro de calcio porque no hay ambigüedad en la estequiometría del compuesto (solo hay un compuesto formado por hidrógeno y calcio).

f) NH_4ClO

Esta sal está formada por iones NH_4^+ y OCl^- en la relación 1:1.

Vulgar	De composición
hipoclorito de amonio	oxidoclorato de amonio

Podemos nombrarla como clorurooxigenato(1−) de amonio u oxidoclorato(1−) de amonio. Recordemos que la IUPAC acepta los nombres de adición clorurooxigenato(1−) y oxidoclorato(1−) para OCl^-.

Ejercicio 10.14

Formule o nombre los compuestos: a) óxido de vanadio(III); b) ácido peryódico; c) carbonato de zinc; d) SO_3; e) H_2Po; f) $BaHPO_3$.

Respuesta:

a) óxido de vanadio(III): V_2O_3.

b) ácido peryódico: HIO_4.

c) carbonato de zinc: $ZnCO_3$.

d) SO_3

Con prefijos multiplicadores	Con números romanos
trióxido de azufre	óxido de azufre(VI)

Se utiliza más el nombre de trióxido de azufre (combinación de dos no metales).

e) H_2Po

Con prefijos multiplicadores	De hidruros progenitores
polonuro de dihidrógeno	polano

Se utiliza más el nombre de polonuro de dihidrógeno. La IUPAC no acepta el nombre vulgar de polonuro de hidrógeno, pero sí acepta los nombres de sulfuro de hidrógeno, selenuro de hidrógeno y telururo de hidrógeno para H_2S, H_2Se y H_2Te, respectivamente.

f) $BaHPO_3$

Esta sal está formada por iones Ba^{2+} y HPO_3^{2-} en la relación 1:1.

Vulgar con números romanos	Vulgar con números de carga	De composición
hidrogenofosfito de bario	hidrogenofosfito de bario	hidrogeno(trioxidofosfato) de bario

Conocida la fórmula estructural del anión, $[PO_2(OH)]^{2-}$, nombramos el compuesto como hidroxidodioxidofosfato(2−) de bario mediante la nomenclatura de adición.

Ejercicio 10.15

Formule o nombre los compuestos: a) diyoduro de oxígeno; b) ácido silícico; c) hidrogenoborato de magnesio; d) CdI$_2$; e) LiH f); Rb$_2$SO$_3$.

Respuesta:

a) diyoduro de oxígeno: OI$_2$.

b) ácido silícico: H$_4$SiO$_4$.

c) hidrogenoborato de magnesio: MgHBO$_3$.

d) CdI$_2$

Con prefijos multiplicadores	Con números romanos	Con números de carga
|diyoduro de cadmio|, yoduro de cadmio	yoduro de cadmio	yoduro de cadmio

No se utiliza el nombre de diyoduro de cadmio porque no hay ambigüedad en la estequiometría del compuesto.

e) LiH

Con prefijos multiplicadores	Con números romanos	Con números de carga
hidruro de litio	hidruro de litio	hidruro de litio

Nos referimos a la nomenclatura de composición con el número de carga porque el LiH es un compuesto iónico.

f) Rb$_2$SO$_3$

Esta sal está formada por iones Rb$^+$ y SO$_3^{2-}$ en la relación 2:1, respectivamente.

Vulgar con números romanos	Vulgar con números de carga	De composición
sulfito de rubidio	sulfito de rubidio	trioxidosulfato de dirubidio

Conocida la fórmula estructural del anión, [SO$_3$]$^{2-}$, podemos nombrar el compuesto como trioxidosulfato(2−) de rubidio.

Ejercicio 10.16

Formule o nombre los compuestos; a) difluoruro de oxígeno; b) ácido yódico; c) hidrogenosulfato de magnesio; d) $PtCl_4$; e) $Sr(OH)_2$; f) Ca_2SiO_4.

Respuesta:

a) difluoruro de oxígeno: OF_2.

b) ácido yódico: HIO_3.

c) hidrogenosulfato de magnesio: $Mg(HSO_4)_2$.

d) $PtCl_4$

Con prefijos multiplicadores	Con números romanos	Con números de carga
tetracloruro de platino	cloruro de platino(IV)	cloruro de platino(4+)

Se utiliza más el nombre cloruro de platino(IV) (combinación de un metal y un no metal).

e) $Sr(OH)_2$

Con prefijos multiplicadores	Con números romanos	Con números de carga
|dihidróxido de estroncio|, hidróxido de estroncio	hidróxido de estroncio	hidróxido de estroncio

Se utiliza más el nombre de hidróxido de estroncio.

f) Ca_2SiO_4

Esta sal está formada por iones Ca^{2+} y SiO_4^{4-} en la relación 2:1, respectivamente.

Vulgar con números romanos	Vulgar con números de carga	De composición
silicato de calcio	silicato de calcio	tetraoxidosilicato de dicalcio

Conocida la fórmula estructural del anión, $[SiO_4]^{4-}$, podemos nombrar el compuesto como tetraoxidosilicato(4−) de calcio.

Ejercicio 10.17

Formule o nombre los compuestos: a) yoduro de plata; b) hidróxido de litio; c) dicromato de amonio; d) N_2O; e) $HClO_4$; f) $CoSeO_3$.

Respuesta:

a) yoduro de plata: AgI

b) hidróxido de litio: LiOH.

c) dicromato de amonio: $(NH_4)_2Cr_2O_7$.

d) N_2O

Con prefijos multiplicadores	Con números romanos
|monóxido de dinitrógeno|, óxido de dinitrógeno	óxido de nitrógeno(I)

Se utiliza más el nombre óxido de dinitrógeno (combinación de dos no metales).

e) $HClO_4$

Vulgar	De hidrógeno
ácido perclórico	hidrogeno(tetraoxidoclorato)

Es más utilizado el nombre de ácido perclórico.

Conocida la fórmula estructural del ácido, $[ClO_3(OH)]$, podemos también nombrarlo como hidroxidotrioxidocloro mediante la nomenclatura de adición.

f) $CoSeO_3$

Esta sal está formada por iones Co^{2+} y SeO_3^{2-} en la relación 1:1.

Vulgar con números romanos	Vulgar con números de carga	De composición
selenito de cobalto(II)	selenito de cobalto(2+)	trioxidoselenato de cobalto

Conocida la fórmula estructural del anión, $[SeO_3]^{2-}$, podemos también nombrar el compuesto como trioxidoselenato(2−) de cobalto(2+).

Ejercicio 10.18

Formule o nombre los compuestos: a) monocloruro de yodo; b) hidróxido de zinc; c) nitrato de cobre(II); d) TiO$_2$; e) H$_2$O; f) (NH$_4$)$_2$CO$_3$

Respuesta:

a) monocloruro de yodo: ICl.

b) hidróxido de zinc: Zn(OH)$_2$.

c) nitrato de cobre(II): Cu(NO$_3$)$_2$.

d) TiO$_2$

Con prefijos multiplicadores	Con números romanos	De composición con
dióxido de titanio	óxido de titanio(IV)	óxido de titanio(4+)

Es más utilizado el nombre óxido de titanio(IV) (combinación de un metal y un no metal).

e) H$_2$O

Con prefijos multiplicadores	De hidruros progenitores	Vulgar
óxido de dihidrógeno	~~oxidano~~	agua

Se utiliza el nombre agua. La IUPAC no recomienda el nombre oxidano (se usa solamente para nombrar derivados del agua).

f) (NH$_4$)$_2$CO$_3$

Esta sal está formada por iones NH$_4^+$ y CO$_3^{2-}$ en la relación 2:1, respectivamente.

Vulgar	De composición
carbonato de amonio	trioxidocarbonato de diamonio

Conocida la fórmula estructural del anión, [CO$_3$]$^{2-}$, podemos también nombrar el compuesto como trioxidocarbonato(2−) de amonio.

Ejercicio 10.19

Formule o nombre los compuestos: a) óxido de cesio; b) yoduro de hidrógeno; c) hidrogenocarbonato de bario; d) PCl$_3$; e) HBrO; f) Cs$_2$TeO$_3$.

Respuesta:

a) óxido de cesio : Cs$_2$O.

b) yoduro de hidrógeno: HI.

c) hidrogenocarbonato de bario: Ba(HCO$_3$)$_2$.

d) PCl$_3$

Con prefijos multiplicadores	Con números romanos
tricloruro de fósforo	cloruro de fósforo(III)

Se utiliza más el nombre tricloruro de fósforo (combinación de dos no metales).

e) HBrO

Vulgar	De hidrógeno
ácido hipobromoso	hidrogeno(oxidobromato)

Se utiliza más el nombre ácido hipobromoso.

Conocida la fórmula estructural del ácido, [Br(OH)], podemos nombrar este compuesto como hidroxidobromo mediante la nomenclatura de adición.

f) Cs$_2$TeO$_3$

Esta sal está formada por iones Cs$^+$ y TeO$_3^{2-}$ en la relación 2:1.

Vulgar	De composición
~~telurito de cesio~~	trioxidotelurato de dicesio

Conocida la fórmula estructural del ion TeO^{3-}, [TeO$_3$]$^{2-}$, podemos también nombrar el compuesto como trioxidotelurato(2−) de cesio mediante la nomenclatura de adición.

Ejercicio 10.20

Formule o nombre los compuestos: a) peróxido de magnesio; b) trihidruro de galio; c) carbonato de mercurio(II); d) $CrBr_3$; e) $HBrO_3$; f) $Au_2(TeO_4)_3$.

Respuesta:

a) peróxido de magnesio : MgO_2.

b) trihidruro de galio : GaH_3.

c) carbonato de mercurio(II): $HgCO_3$.

d) $CrBr_3$

Con prefijos multiplicadores	Con números romanos	Con números de carga
tribromuro de cromo	bromuro de cromo(III)	bromuro de cromo(3+)

Se utiliza más el nombre de bromuro de cromo(III).

e) $HBrO_3$

Vulgar	De hidrógeno
ácido brómico	hidrogeno(trioxidobromato)

Es más utilizado el nombre de ácido brómico.

Conocida la fórmula estructural del ácido, $[BrO_2(OH)]$, lo nombramos como hidroxidodioxidobromo mediante la nomenclatura de adición.

f) $Au_2(TeO_4)_3$

Esta sal está formada por iones Au^{3+} y TeO_4^{2-} en la relación 2:3, respectivamente.

Vulgar con números romanos	Vulgar con números de carga	De composición
telurato de oro(III)	telurato de oro(3+)	tris(tetraoxidotelurato) de dioro, trítelurato de dioro

Conocida la estructura del anión, $[TeO_4]^{2-}$, podemos nombrar el compuesto como tetraoxidotelurato(2−) de oro(3+).

Ejercicio 10.21

Formule o nombre los compuestos: a) óxido de molibdeno(VI); b) silano; c) cromato de litio; d) HgO_2; e) $Ca(OH)_2$; f) $Cu(IO_4)_2$.

Respuesta:

a) óxido de molibdeno(VI): MoO_3.

b) silano: SiH_4.

c) cromato de litio: Li_2CrO_4.

d) HgO_2

Con prefijos multiplicadores	Con más información	Vulgar
dióxido de mercurio	dióxido(2−) de mercurio	peróxido de mercurio(II)

Se utiliza más el nombre peróxido de mercurio(II). El nombre dióxido(2−) de mercurio indica que tiene un ion dióxido(2−) y no dos iones óxido.

e) $Ca(OH)_2$

Con prefijos multiplicadores	Con números romanos	Con números de carga
|dihidróxido de calcio|, hidróxido de calcio	hidróxido de calcio	hidróxido de calcio

No se utiliza el nombre dihidróxido de calcio porque no hay ambigüedad en la estequiometría del compuesto.

f) $Cu(IO_4)_2$

Esta sal está formada por iones Cu^{2+} y IO_4^- en la relación 1:2.

Vulgar con números romanos	Vulgar con números de carga	De composición
peryodato de cobre(II)	peryodato de cobre(2+)	bis(tetraoxidoyodato) de cobre, diperyodato de cobre

Conocida la estructura del anión, $[IO_4]^-$, podemos nombrar el compuesto como tetraoxidoyodato(1−) de cobre(2+).

Ejercicio 10.22

Formule o nombre los compuestos: a) dihidruro de vanadio; b) ácido carbónico; c) yodato de estroncio; d) P_4O_{10}; e) Co_2O_3; f) $(NH_4)_3PO_4$.

Respuesta:

a) dihidruro de vanadio: VH_2.

b) ácido carbónico: H_2CO_3.

c) yodato de estroncio: $Sr(IO_3)_2$.

d) P_4O_{10}

Con prefijos multiplicadores	Con números romanos
decaóxido de tetrafósforo	óxido de fósforo(V)

Se debe utilizar el nombre de decaóxido de tetrafósforo (combinación de dos no metales), pues habría ambigüedad con el nombre del compuesto P_2O_5, que también podría nombrarse como óxido de fósforo(V).

e) Co_2O_3

Con prefijos multiplicadores	Con números romanos	Con números de carga
trióxido de dicobalto	óxido de cobalto(III)	óxido de cobalto(3+)

Se utiliza más el nombre de óxido de cobalto(III) (combinación de un metal y un no metal).

f) $(NH_4)_3PO_4$

Esta sal está formada por iones NH_4^+ y PO_4^{3-} en la relación 3:1, respectivamente.

Vulgar	De composición
fosfato de amonio	tetraoxidofosfato de triamonio

Conocida la estructura del anión, $[PO_4]^{3-}$, podemos también nombrar el compuesto como tetraoxidofosfato(3−) de amonio mediante la nomenclatura de adición.

Ejercicio 10.23

Formule o nombre los compuestos: a) carburo de titanio(IV); b) ácido hipoyodoso; c) hidrogenosulfato de francio; d) OCl$_2$; e) PbH$_4$; f) Pd(HCO$_3$)$_4$.

Respuesta:

a) carburo de titanio(IV): TiC.

b) ácido hipoyodoso: HIO.

c) hidrogenosulfato de francio: FrHSO$_4$.

d) OCl$_2$

Con prefijos multiplicadores
dicloruro de oxígeno

e) PbH$_4$

Fórmula	De composición con pref. multiplicadores	De sustitución (hidruros progenitores)
PbH$_4$	tetrahidruro de plomo	plumbano

Es más utilizado el nombre de tetrahidruro de plomo (hidruro covalente).

f) Pd(HCO$_3$)$_4$

Esta sal está formada por iones Pd^{4+} y HCO$_3^-$ en la relación 1:4, respectivamente.

Vulgar con números romanos	Vulgar con números de carga	De composición
hidrogenocarbonato de paladio(IV)	hidrogenocarbonato de paladio(4+)	tetrakis[hidrogeno(trioxidocarbonato)] de paladio, tetrakis(hidrogenocarbonato) de paladio

Conocida la estructura del anión, [CO$_2$(OH)]$^-$, podemos también nombrar el compuesto como hidroxidodioxidocarbonato(1−) de paladio(4+) mediante la nomenclatura de adición.

Ejercicio 10.24

Formule o nombre los compuestos: a) yoduro de zinc; b) ácido selenoso; c) silicato de estaño(IV); d) N_2O_5; e) RbOH; f) $Ca(BrO_2)_2$.

Respuesta:

a) yoduro de zinc: ZnI_2.

b) ácido selenoso: H_2SeO_3.

c) silicato de estaño(IV): $SnSiO_4$.

d) N_2O_5

Con prefijos multiplicadores	Con números romanos
pentaóxido de dinitrógeno	óxido de nitrógeno(V)

Se utiliza más el nombre de pentaóxido de dinitrógeno (combinación de dos no metales).

e) RbOH

Con prefijos multiplicadores	Con números romanos	Con números de carga
hidróxido de rubidio	hidróxido de rubidio	hidróxido de rubidio

f) $Ca(BrO_2)_2$

Esta sal está formada por iones Ca^{2+} y BrO_2^- en la relación 1:2, respectivamente.

Vulgar con números romanos	Vulgar con números de carga	De composición
bromito de calcio	bromito de calcio	bis(dioxidobromato) de calcio, dibromito de calcio

Conocida la fórmula estructural del anión, $[BrO_2]^-$, podemos también nombrar el compuesto como dioxidobromato(1−) de calcio mediante la nomenclatura de adición.

Ejercicio 10.25

Formule o nombre los compuestos: a) carburo de aluminio; b) ácido silícico; c) sulfato de calcio; d) Sb_2O_3; e) $Sn(OH)_2$; f) $Zn(H_2PO_4)_2$.

Respuesta:

a) carburo de aluminio: Al_4C_3.

b) ácido silícico: H_4SiO_4.

c) sulfato de calcio: $CaSO_4$.

d) Sb_2O_3

Con prefijos multiplicadores	Con números romanos
trióxido de diantimonio	óxido de antimonio(III)

Es más utilizado el nombre de trióxido de antimonio.

e) $Sn(OH)_2$

Con prefijos multiplicadores	Con números romanos	Con números de carga
dihidróxido de estaño	hidróxido de estaño(II)	hidróxido de estaño(2+)

Es más utilizado el nombre hidróxido de estaño(II).

f) $Zn(H_2PO_4)_2$

Esta sal está formada por iones Zn^{2+} y $H_2PO_4^-$ en la relación 1:2, respectivamente.

Vulgar con números romanos	Vulgar con números de carga	De composición
dihidrogenofosfato de zinc	dihidrogenofosfato de zinc	bis[dihidrogeno(tetra= oxidofosfato)] de zinc, bis(dihidrogenofosfato) de zinc

Comocida la fórmula del anión, $[PO_2(OH)_2]^-$, podemos nombrar el compuesto como dihidroxidodioxidofosfato(1−) de zinc.

Ejercicio 10.26

Formule o nombre los compuestos: a) monóxido de boro; b) hidruro de bario; c) nitrito de cobalto(III); d) AsCl$_3$; e) H$_2$SO$_4$; f) PtCr$_2$O$_7$.

Respuesta:

a) monóxido de boro: BO.

b) hidruro de bario: BaH$_2$.

c) nitrito de cobalto(III): Co(NO$_2$)$_3$.

d) AsCl$_3$

Con prefijos multiplicadores	Con números romanos
tricloruro de arsénico	cloruro de arsénico(III)

Se utiliza más el nombre tricloruro de arsénico (combinación de dos no metales).

e) H$_2$SO$_4$

Vulgar	De hidrógeno
ácido sulfúrico	dihidrogeno(tetraoxidosulfato)

Es más utilizado el nombre de ácido sulfúrico.

Conocida la fórmula estructural del ácido, [SO$_2$(OH)$_2$], podemos también nombrarlo como dihidroxidodioxidoazufre mediante la nomenclatura de adición.

f) PtCr$_2$O$_7$

Esta sal está formada por iones Pt^{2+} y Cr$_2$O$_7^{2-}$ en la relación 1:1.

Vulgar con números romanos	Vulgar con números de carga	De composición
dicromato de platino(II)	dicromato de platino(2+)	heptaoxidodicromato de platino

Conocida la fórmula estructural del anión, [(O)$_3$CrOCr(O)$_3$]$^{2-}$, podemos también nombrar el compuesto como μ-óxido-bis(trioxicromato)(2−) de platino(2+) mediante la nomenclatura de adición.

Ejercicio 10.27

Formule o nombre los compuestos: a) monofluoruro de oxígeno; b) trihidruro de bismuto; c) borato de cobre(I); d) BeO; e) H_3PO_3; f) $Hg(ClO_2)_2$.

Respuesta:

a) monofluoruro de oxígeno: OF.

b) trihidruro de bismuto: BiH_3.

c) borato de cobre(I): Cu_3BO_3.

d) BeO

Con prefijos multiplicadores	Con números romanos	Con números de carga
óxido de berilio	óxido de berilio	óxido de berilio

e) H_3PO_3

Vulgar	De hidrógeno
ácido fosforoso	trihidrogeno(trioxidofosfato)

Se utiliza más el nombre ácido fosforoso.

Conocida la fórmula estructural del ácido, $[P(OH)_3]$, podemos también nombrarlo como trihidroxidofósforo.

f) $Hg(ClO_2)_2$

Este compuesto está formado por iones Hg^{2+} y ClO_2^- en la relación 1:2, respectivamente.

Vulgar con números romanos	Vulgar con números de carga	De composición
clorito de mercurio(II)	clorito de mercurio(2+)	bis(dioxidoclorato) de mercurio, diclorito de mercurio

Conocida la fórmula estructural del anión, $[ClO_2]^-$, podemos también nombrar el compuesto como dioxidoclorato(1−) de mercurio(2+) mediante la nomenclatura de adición.

10.7. EJERCICIOS

 Ejercicio 10.28

Formule o nombre los compuestos: a) peróxido de sodio; b) ácido cloroso; c) hidrogenocarbonato de cobalto(III); d) CaF_2; e) $Mn(OH)_2$; f) Ag_3AsO_3.

 Respuesta:

a) peróxido de sodio : Na_2O_2.

b) ácido cloroso: $HClO_2$.

c) hidrogenocarbonato de cobalto(III): $Co(HCO_3)_3$.

d) CaF_2

Con prefijos multiplicadores	Con números romanos	Con números de carga
|difluoruro de calcio|, fluoruro de calcio	fluoruro de calcio	fluoruro de calcio

No se utiliza el nombre de difluoruro de calcio porque no hay ambigüedad en la estequiometría del compuesto.

f) $Mn(OH)_2$

Con prefijos multiplicadores	Con números romanos	Con números de carga
dihidróxido de manganeso	hidróxido de manganeso(II)	hidróxido de manganeso(2+)

Se utiliza más el nombre hidróxido de manganeso(II).

f) Ag_3AsO_3

Los iones Ag^+ y AsO_3^{3-} están en la relación 3:1, respectivamente.

Vulgar con números romanos	Vulgar con números de carga	De composición
arsenito de plata	arsenito de plata	trioxidoarsenato de triplata

Conocida la fórmula estructural del anión, $[AsO_3]^{3-}$, podemos también nombrar el compuesto como trioxidoarsenato(3−) de plata.

Ejercicio 10.29

Formule o nombre los compuestos: a) óxido de mercurio(II); b) hidróxido de osmio(III); c) cromato de oro(I); d) SrO_2; e) RbH; f) K_2CO_3.

Respuesta:

a) óxido de mercurio(II): HgO.

b) hidróxido de osmio(III): $Os(OH)_3$.

c) cromato de oro(I): Au_2CrO_4.

d) SrO_2

Con prefijos multiplicadores	Con más información	Vulgar
dióxido de estroncio	dióxido(2−) de estroncio	peróxido de estroncio

Se utiliza más el nombre de peróxido de estroncio.

e) RbH

Con prefijos multiplicadores	Con números romanos	Con números de carga
hidruro de rubidio	hidruro de rubidio	hidruro de rubidio

f) K_2CO_3

Esta sal está formada por iones K^+ y CO_3^{2-} en la relación 2:1, respectivamente.

Vulgar con números romanos	Vulgar con números de carga	De composición
carbonato de potasio	carbonato de potasio	trioxidocarbonato de dipotasio

Conocida la fórmula estructural del anión, $[CO_3]^{2-}$, podemos también nombrar el compuesto como trioxidocarbonato(2−) de potasio mediante la nomenclatura de adición.

Ejercicio 10.30

Formule o nombre los compuestos: a) óxido de iridio(III); b) ácido nitroso; c) arsenato de platino(II); d) CO_2; e) CsH; f) $Al_2(HBO_3)_3$.

Respuesta:

a) óxido de iridio(III): Ir_2O_3.

b) ácido nitroso: HNO_2.

c) arsenato de platino(II): $Pt_3(AsO_4)_2$.

d) CO_2

Con prefijos multiplicadores	Con números romanos
dióxido de carbono	óxido de carbono(IV)

Se utiliza más el nombre de dióxido de carbono.

e) CsH

Con prefijos multiplicadores	Con números romanos	Con números de carga
hidruro de cesio	hidruro de cesio	hidruro de cesio

Se puede utilizar los números de carga porque es un compuesto iónico.

f) $Al_2(HBO_3)_3$

Esta sal está formada por los iones Al^{3+} y HBO_3^{2-} en la relación 2:3, respectivamente.

Vulgar con números romanos	Vulgar con números de carga	De composición
hidrogenoborato de aluminio	hidrogenoborato de aluminio	tris[hidrogeno(trioxidoborato)] de dialuminio, tris(hidrogenoborato) de dialuminio

Conocida la fórmula estructural del anión, $[BO_2(OH)]^{2-}$, podemos nombrar este compuesto como hidroxidodioxidoborato(2−) de aluminio.

> **Ejercicio 10.31**
>
> Formule o nombre los compuestos: a) hexafluoruro de uranio; b) sulfato de níquel(II) heptahidrato; c) ácido disulfúrico; d) Mg_3N_2; e) SnH_4; f) $Hg(CN)_2$.

Respuesta:

a) hexafluoruro de uranio: UF_6.

b) sulfato de níquel(II) heptahidrato: $NiSO_4 \cdot 7H_2O$.

c) ácido disulfúrico: $H_2S_2O_7$.

d) Mg_3N_2

Con prefijos multiplicadores	Con números romanos	Con números de carga
nitruro de magnesio, |dinitruro de trimagnesio|	nitruro de magnesio	nitruro de magnesio

e) SnH_4

Con prefijos multiplicadores	De sustitución (hidruros progenitores)	Vulgar
tetrahidruro de estaño	estannano	(no tiene)

f) $Hg(CN)_2$

Esta sal está formada por iones Hg^{2+} y CN^- en la relación 1:2, respectivamente.

Vulgar con números romanos	Vulgar con números de carga	De composición
cianuro de mercurio(II)	cianuro de mercurio(2+)	bis(nitrurocarbonato) de mercurio, dicianuro de mercurio

Podemos también nombrar el compuesto mediante la nomenclatura de adición como nitrurocarbonato(1−) de mercurio(2+).

Ejercicio 10.32

Formule o nombre los compuestos: a) diyoduro de heptaoxígeno; b) ácido teluroso; c) cloruro de cobre(II)—hidróxido de cobre(II) (1/3); d) Ba$_3$P$_2$; e) V(OH)$_2$; f) Co$_2$(PHO$_3$)$_3$.

Respuesta:

a) diyoduro de heptaoxígeno: O$_7$I$_2$.

b) ácido teluroso: H$_2$TeO$_3$.

c) cloruro de cobre(II)—hidróxido de cobre(II) (1/3): CuCl$_2$·3Cu(OH)$_2$.

d) Ba$_3$P$_2$

Con prefijos multiplicadores	Con números romanos	Con números de carga
fosfuro de bario, |difosfuro de tribario|	fosfuro de bario	fosfuro de bario

e) V(OH)$_2$

Con prefijos multiplicadores	Con números romanos	Con números de carga
dihidróxido de vanadio	hidróxido de vanadio(II)	hidróxido de vanadio(2+)

f) Co$_2$(PHO$_3$)$_3$

Esta sal está formada por iones Co^{3+} y PHO$_3^{2-}$ en la relación 2:3, respectivamente.

Vulgar con números romanos	Vulgar con números de carga	De composición
fosfonato de cobalto(III)	fosfonato de cobalto(3+)	tris(hidrurotrioxidofosfato) de dicobalto, trifosfonato de dicobalto

Conocida la fórmula estructural del ion PHO$_3^{2-}$, [PHO$_3$]$^{2-}$, podemos también nombrarla como hidrurotrioxidofosfato(2−) de cobalto(3+).

Ejercicio 10.33

Formule o nombre los compuestos: a) hidruro de titanio(II); b) ácido ortoperyódico; c) tetraoxidorenato de dipotasio; d) S_2Cl_2; e) $Tl(OH)_3$; f) $Ca(H_2AsO_4)_2$.

Respuesta:

a) hidruro de titanio(II): TiH_2.

b) ácido ortoperyódico: H_5IO_6.

c) tetraoxidorenato de dipotasio: K_2ReO_4.

d) S_2Cl_2

Con prefijos multiplicadores
dicloruro de diazufre

Se utiliza el nombre dicloruro de diazufre (combinación de dos no metales).

e) $Tl(OH)_3$

Con prefijos multiplicadores	Con números romanos	Con números de carga
trihidróxido de talio	hidróxido de talio(III)	hidróxido de talio(3+)

Se utiliza más el nombre hidróxido de talio(III).

f) $Ca(H_2AsO_4)_2$

Esta sal está formada por iones Ca^{2+} y $H_2AsO_4^-$ en la relación 1:2, respectivamente.

Vulgar	De composición
dihidrogenoarsenato de calcio	bis[dihidrogeno(tetraoxidoarsenato)] de calcio

Conocida la fórmula estructural del ion $H_2AsO_4^-$, $[AsO_2(OH)_2]^-$, podemos también nombrar el compuesto mediante la nomenclatura de adición como dihidroxidodioxidoarsenato(1−) de calcio.

Ejercicio 10.34

Formule o nombre los compuestos: a) tetraóxido de trimanganeso; b) trihidruro de indio; c) hidrogeno(sulfuro) de rubidio; d) SO; e) HNO$_4$; f) Mg$_3$(BO$_3$)$_2$

Respuesta:

a) tetraóxido de trimanganeso: Mn$_3$O$_4$.

b) trihidruro de indio: InH$_3$.

c) hidrogeno(sulfuro) de rubidio: RbHS.

d) SO

Con prefijos multiplicadores	Con números romanos
monóxido de azufre, |óxido de azufre|	óxido de azufre(II)

Se utiliza más el nombre monóxido de azufre.

e) HNO$_4$

Vulgar	De hidrógeno
ácido peroxinítrico	hidrogeno(tetraoxidonitrato)

Se utiliza más el nombre de ácido peroxinítrico.

f) Mg$_3$(BO$_3$)$_2$

Esta sal está formada por iones Mg^{2+} y BO$_3^{3-}$ en la relación 3:2, respectivamente.

Vulgar con números romanos	Vulgar con números de carga	De composición
borato de magnesio	borato de magnesio	bis(trioxidoborato) de trimagnesio, diborato de trimagnesio

Conocida la fórmula estructural de ion BO$_3^{3-}$, [BO$_3$]$^{3-}$, podemos también nombrar el compuesto como trioxidoborato(3−) de magnesio mediante la nomenclatura de adición.

Ejercicio 10.35

Formule o nombre los compuestos: a) tetrafluoruro de diboro; b) cianuro de hidrógeno; c) sulfuro de hidrógeno—agua (8/46); d) Os_2O_3; e) H_2CrO_4; f) $Fe_3(SbO_4)_2$.

Respuesta:

a) tetrafluoruro de diboro: B_2F_4.

b) cianuro de hidrógeno: HCN.

c) sulfuro de hidrógeno—agua(8/46): $8H_2S \cdot 46H_2O$.

d) Os_2O_3

Con prefijos multiplicadores	Con números romanos	Con números de carga
trióxido de diosmio	óxido de osmio(III)	óxido de osmio(3+)

Se utiliza más el nombre óxido de osmio(III) (combinación de un metal y un no metal).

e) H_2CrO_4

Vulgar	De hidrógeno
ácido crómico	dihidrogeno(tetraoxidocromato)

Conocida la fórmula estructural del ácido, $[CrO_2(OH)_2]$, podemos también nombrarlo como dihidroxidodioxidocromo.

f) $Fe_3(SbO_4)_2$

Compuesto formado por iones Fe^{2+} y SbO_4^{3-} en la relación 3:2, respectivamente.

Vulgar con números romanos	Vulgar con números de carga	De composición
antimonato de hierro(II)	antimonato de hierro(2+)	bis(tetraoxidoantimonato) de trihierro, diantimonato de trihierro

Conocida la fórmula del ion SbO_4^{3-}, $[SbO_4]^{3-}$, podemos también nombrarlo como tetraoxidoantimonato(3−) de hierro(2+).

Ejercicio 10.36

Formule o nombre los compuestos: a) dióxido(−1) de potasio; b) sulfato de hexaacuamagnesio(II) monohidrato; c) bromuro fluoruro bis(sulfato) de hexapotasio; d) UO_2; e) $Sc(OH)_3$; f) Ag_2MnO_4.

Respuesta:

a) dióxido(−1) de potasio : KO_2.

b) sulfato de hexaacuamagnesio(II) monohidrato: $[Mg(OH_2)_6]SO_4 \cdot H_2O$.

c) bromuro fluoruro bis(sulfato) de hexapotasio: $K_6BrF(SO_4)_2$.

d) UO_2

Con prefijos multiplicadores	Con números romanos	Con números de carga
dióxido de uranio	óxido de uranio(IV)	óxido de uranio(4+)

Se utiliza más el nombre de óxido de uranio(IV).

e) $Sc(OH)_3$

Con prefijos multiplicadores	Con números romanos	Con números de carga
hidróxido de escandio, |trihidróxido de escandio|	hidróxido de escandio	hidróxido de escandio

Se utiliza más el nombre hidróxido de escandio.

f) Ag_2MnO_4

Esta sal está formada por iones Ag^+ y MnO_4^{2-} en la relación 2:1, respectivamente.

Vulgar con números romanos	Vulgar con números de carga	De composición
~~manganato de plata~~	~~manganato de plata~~	tetraoxidomanganato de diplata

Conocida la fórmula del ion MnO_4^{2-}, $[MnO_4]^{2-}$, podemos también nombrar este compuesto como tetraoxidomanganato(2−) de plata.

Ejercicio 10.37

Formule o nombre los compuestos: a) diyoduro de azufre; b) cloruro de cobre(II) dihidrato; c) ácido peroxifosfórico; d) RaO_4; e) TlI_3; f) Ca_3TeO_6.

Respuesta:

a) diyoduro de azufre : SI_2.

b) cloruro de cobre(II) dihidrato: $CuCl_2 \cdot 2H_2O$.

c) ácido peroxifosfórico: H_3PO_5.

d) RaO_4

Con prefijos multiplicadores	Nombre con más información	Vulgar
tetraóxido de radio	dióxido(1−) de radio	superóxido de radio

Se utiliza más el nombre de superóxido de radio.

e) TlI_3

Con prefijos multiplicadores	Con números romanos	Con números de carga
tris(yoduro) de talio	yoduro de talio(III)	yoduro de talio(3+)

Hay que distinguirlo de $Tl(I_3)$, que contiene el ion triyoduro(1−) o triyoduro (nombres de adición y vulgar, respectivamente), de nombres de triyoduro(1−) de talio, (triyoduro) de talio(I) o (triyoduro) de talio(1+).

f) Ca_3TeO_6

Esta sal está formada por iones Ca^{2+} y TeO_6^{6-} en la relación 3:1, respectivamente.

Vulgar con números romanos	Vugar con con números de carga	De composición
ortotelurato de calcio	ortotelurato de calcio	hexaoxidotelurato de tricalcio

Conocida la fórmula del ion TeO_6^{6-}, $[TeO_6]^{6-}$, podemos también nombrarlo como hexaoxidotelurato(6−) de calcio.

Ejercicio 10.38

Formule o nombre los compuestos: a) bromuro de vanadio(III); b) dicianurobis(oxalato)niquelato(II) de potasio; c) tiosulfato de plata; d) $AsBr_3$; e) SrH_2; f) $Hg_5Cl(PO_4)_3$.

Respuesta:

a) bromuro de vanadio(III): VBr_3.

b) dicianurobis(oxalato)niquelato(II) de potasio: $K_4[Ni(CN)_2(ox)_2]$.

c) tiosulfato de plata: $Ag_2S_2O_3$.

d) $AsBr_3$

Con prefijos multiplicadores	Con números romanos
tribromuro de arsénico	bromuro de arsénico(III)

Se utiliza más el nombre de tribromuro de arsénico (combinación de dos no metales).

e) SrH_2

Con prefijos multiplicadores	Con números romanos	Con números de carga
|dihidruro de estroncio|, hidruro de estroncio	hidruro de estroncio	hidruro de estroncio

Nos referimos a la nomenclatura de composición con el número de carga porque es un compuesto iónico. El nombre de dihidruro de estroncio no se utiliza porque no hay ambigüedad en la estequiometría del compuesto.

f) $Hg_5Cl(PO_4)_3$

Hg^{2+} es el catión. Se sitúa delante de Cl^- y PO_4^{3-}, aniones, ordenados alfabéticamente. Su nombre es cloruro tris(fosfato) de pentamercurio.

Observe que la unidad fórmula es eléctricamente neutra:

$$5(+2) + 1(-1) + 3(-3) = 0$$

Ejercicio 10.39

Formule o nombre los compuestos: a) imida de calcio; b) tiocianato de potasio; c) tetrahidrogeno(heptaoxidodifosfato); d) ReO_2; e) $Li_2SO_4 \cdot H_2O$; f) $Na_2[Fe(CN)_5NO]$.

Respuesta:

a) imida de calcio: CaNH.

b) tiocianato de potasio: KSCN.

c) tetrahidrogeno(heptaoxidodifosfato): $H_4P_2O_7$.

d) ReO_2

Con prefijos multiplicadores	Con números romanos	Con números de carga
dióxido de renio	óxido de renio(IV)	óxido de renio(4+)

e) $Li_2SO_4 \cdot H_2O$

Se trata de una sal hidratada. Li_2SO_4 es una unidad fórmula y H_2O, una molécula. El agua se pone convencionalmente la última. Su nombre es sulfato de litio—agua (1/1) o sulfato de litio monohidrato.

f) $Na_2[Fe(CN)_5NO]$

En la unidad fórmula de este compuesto la entidad de coordinación es el anión, que figura entre corchetes después del catión.

- Anión: $[Fe(CN)_5NO]^{2-}$, pentacianuronitrosilferrato(III).

  El átomo central es el hierro con número de oxidación +3, ya que está unido a cinco ligandos cianuro, CN^-, con carga total de 5−, y a una molécula de monóxido de nitrógeno, NO, sin carga, y la entidad de coordinación tiene una carga de 2−. Los ligandos se nombran por orden alfabético.

- Catión: Na^+, sodio(1+).

Podemos nombrar el compuesto como pentacianuronitrosilferrato(III) de sodio o pentacianuronitrosilferrato(2−) de sodio.

10.7. EJERCICIOS

Ejercicio 10.40

Formule o nombre los compuestos: a) pentahidruro de arsénico; b) ácido peroxidisulfúrico; c) sulfato de oxidovanadio(IV); d) Li$_3$N; e) Ce(OH)$_3$; f) CaCl$_2$·4NH$_3$.

Respuesta:

a) pentahidruro de arsénico: AsH$_5$.

b) ácido peroxidisulfúrico: H$_2$S$_2$O$_8$.

c) sulfato de oxidovanadio(IV): VOSO$_4$.

El ion VO^{2+} que contiene este compuesto se nombra como oxidovanadio(2+) mediante la nomenclatura de adición.

d) Li$_3$N

Con prefijos multiplicadores	Con números romanos	Con números de carga
nitruro de trilitio, nitruro de litio	nitruro de litio	nitruro de litio

Se utiliza más el nombre de nitruro de litio. Existe otro compuesto formado por nitrógeno y litio, LiN$_3$, azida de litio o trinitruro(1−) de litio.

e) Ce(OH)$_3$

Con prefijos multiplicadores	Con números romanos	Con números de carga
trihidróxido de cerio	hidróxido de cerio(III)	hidróxido de cerio(3+)

Se utiliza más el nombre de hidróxido de cerio(III).

f) CaCl$_2$·4NH$_3$

Se trata de un aducto. CaCl$_2$ es una unidad fórmula y NH$_3$, una molécula. Están ordenadas de acuerdo a su número y separadas por un punto. Su nombre es cloruro de calcio—amoniaco (1/4).

Ejercicio 10.41

Formule o nombre los compuestos: a) yoduro de cobre(II); b) dicromato de sodio dihidrato; c) ácido tiosulfúrico; d) Ti(OH)$_2$; e) TlH$_3$; f) CuSeCN.

Respuesta:

a) yoduro de cobre(II): CuI$_2$.

b) dicromato de sodio dihidrato: Na$_2$Cr$_2$O$_7\cdot$2H$_2$O.

c) ácido tiosulfúrico: H$_2$S$_2$O$_3$.

d) Ti(OH)$_2$

Con prefijos multiplicadores	Con números romanos	Con números de carga
dihidróxido de titanio	hidróxido de titanio(II)	hidróxido de titanio(2+)

Se utiliza más el nombre de hidróxido de titanio(II).

e) TlH$_3$

Con prefijos multiplicadores	De sustitución (hidruros progenitores)	Vulgar
trihidruro de talio	talano	(no tiene)

Se utiliza más el nombre de trihidruro de talio (hidruro covalente).

f) CuSeCN

Esta sal está formada por iones Cu$^+$ y SeCN$^-$ en la relación 1:1.

Vulgar con números romanos	Vulgar con números de carga	De composición
selenocianato de cobre(I)	selenocianato de cobre(1+)	nitruroselenurocarbonato de cobre

Podemos también nombrar el compuesto mediante la nomenclatura de adición como nitruroselenurocarbonato(1−) de cobre(1+).

Ejercicio 10.42

Formule o nombre los compuestos: a) monóxido de silicio; b) ácido fosfónico; c) heptaoxidotetraborato de potasio y sodio; d) IrCl$_3$; e) Bi(OH)$_3$; f) Al$_2$Si$_2$O$_7$.

Respuesta:

a) monóxido de silicio: SiO.

b) ácido fosfónico: H$_2$PHO$_3$.

c) heptaoxidotetraborato de potasio y sodio: KNaB$_4$O$_7$.

d) IrCl$_3$

Con prefijos multiplicadores	Con números romanos	Con números de carga
tricloruro de iridio	cloruro de iridio(III)	cloruro de iridio(3+)

e) Bi(OH)$_3$

Con prefijos multiplicadores	Con números romanos	Con números de carga
trihidróxido de bismuto	hidróxido de bismuto(III)	hidróxido de bismuto(3+)

f) Al$_2$Si$_2$O$_7$

Esta sal está formada por iones Al^{3+} y Si$_2$O$_7^{6-}$ en la relación 2:1, respectivamente.

Vulgar con números romanos	Vulgar con números de carga	De composición
disilicato de aluminio	disilicato de aluminio	heptaoxidodisilicato(6−) de dialuminio

Conocida la fórmula estructural del ion Si$_2$O$_7^{6-}$, [O$_3$SiOSiO$_3$]$^{6-}$, podemos también nombrar el compuesto como μ-óxido-bis(trioxidosilicato)(6−) de aluminio.

Ejercicio 10.43

Formule o nombre los compuestos: a) hidruro de protactinio(III); b) ácido ortotelúrico; c) bis(hidrogenofosfonato) de calcio; d) $C_{12}O_9$; e) $Lu(OH)_3$; f) $Mg(HSeO_3)_2$.

Respuesta:

a) hidruro de protactinio(III): PaH_3.

b) ácido ortotelúrico: H_6TeO_6.

c) bis(hidrogenofosfonato) de calcio: $Ca(HPHO_3)_2$.

d) $C_{12}O_9$

Con prefijos multiplicadores
nonaóxido de dodecarbono

e) $Lu(OH)_3$

Con prefijos multiplicadores	Con números romanos	Con números de carga
hidróxido de lutecio, |trihidróxido de lutecio|	hidróxido de lutecio	hidróxido de lutecio

Se debe utilizar más el nombre hidróxido de lutecio porque no hay ambigüedad en la estequiometría del compuesto (solo hay un hidróxido de lutecio).

f) $Mg(HSeO_3)_2$

Esta sal está formada por iones Mg^{2+} y $HSeO_3^-$ en la relación 1:2, respectivamente.

Vulgar	De composición
hidrogenoselenito de magnesio	bis[hidrogeno(trioxidoselenato)] de magnesio

Conocida la fórmula estructural del ion $HSeO_3^-$, $[SeO_2(OH)]^-$, podemos también nombrar el compuesto mediante la nomenclatura de adición como hidroxidodioxidoselenato(1−) de magnesio.

Ejercicio 10.44

Formule o nombre los compuestos: a) tetraóxido de trihierro; b) hidruro de paladio(I); c) bis[hidrogeno(selenuro)] de zinc; d) SCl_2; e) $H_4P_2O_7$; f) $Fe_2(HBO_3)_3$.

Respuesta:

a) tetraóxido de trihierro: Fe_3O_4.

b) hidruro de paladio(I): PdH.

c) bis[hidrogeno(selenuro)] de zinc: $Zn(HSe)_2$.

d) SCl_2

Con prefijos multiplicadores	Con números romanos
dicloruro de azufre	cloruro de azufre(II)

Se debe utilizar el nombre de dicloruro de azufre (combinación de dos no metales).

e) $H_4P_2O_7$

Vulgar	De hidrógeno
ácido difosfórico	tetrahidrogeno(heptaoxidodifosfato)

Se utiliza más el nombre de ácido difosfórico.

Conocida la fórmula estructural del ácido, $[(OH)_2P(O)OP(O)(OH)_2]$, podemos nombrarlo como μ-óxido-bis(dihidroxidooxidofósforo).

f) $Fe_2(HBO_3)_3$

Esta sal está formada por iones Fe^{3+} y HBO_3^{2-} en la relación 2:3, respectivamente.

Vulgar con números romanos	Vulgar con números de carga	De composición
hidrogenoborato de hierro(III)	hidrogenoborato de hierro(3+)	tris[hidrogeno(trioxidoborato)] de dihierro, tris(hidrogenoborato) de dihierro

Conocida la fórmula estructural de ion HBO_3^{2-}, $[BO_2(OH)]^{2-}$, nombramos el compuesto como hidroxidodioxidoborato(2−) de hierro(III).

Ejercicio 10.45

Formule o nombre los compuestos: a) tetrafluoruro de diboro; b) azida de hidrógeno; c) tetracosaoxidoheptamolibdato de hexaamonio—agua (1/4); d) $RaBr_2$ e) $H_2Cr_2O_7$; f) $Ba(NO_4)_2$.

Respuesta:

a) tetrafluoruro de diboro: B_2F_4.

b) azida de hidrógeno: N_3H.

c) tetracosaoxidoheptamolibdato de hexaamonio—agua (1/4): $(NH_4)_6Mo_7O_{24} \cdot 4H_2O$.

d) $RaBr_2$

Con prefijos multiplicadores	Con números romanos	Con números de carga
bromuro de radio, |dibromuro de radio|	bromuro de radio	bromuro de radio

Se debe utilizar el nombre de bromuro de radio.

e) $H_2Cr_2O_7$

Vulgar	De hidrógeno
ácido dicrómico	dihidrogeno(heptaoxidodicromato)

Conocida la fórmula estructural del ácido, $[(OH)Cr(O)_2OCr(O)_2(OH)]$, podemos nombrarlo como μ-óxido-bis(hidroxidodioxidocromo).

f) $Ba(NO_4)_2$

Compuesto formado por iones Ba^{2+} y NO_4^- en la relación 1:2.

Vulgar con números romanos	Vulgar con números de carga	De composición
peroxinitrato de bario	peroxinitrato de bario	bis(tetraoxidonitrato) de bario, di(peroxinitrato) de bario

Conocida la fórmula del ion NO_4^-, $[NO_2(OO)]^-$, podemos también nombrarlo como dioxidoperoxidonitrato(1−) de bario.

Ejercicio 10.46

Formule o nombre los compuestos: a) tetraclorurooxidovanadato(IV) de amonio; b) fulminato de amonio; c) diantimonuro cupruro de pentapotasio; d) ThO_2; e) $Ir(OH)_2$; f) Na_2TcO_4.

Respuesta:

a) tetraclorurooxidovanadato(IV) de amonio : $(NH_4)_2[VCl_4O]$.

b) fulminato de amonio: NH_4ONC.

c) diantimonuro cupruro de pentapotasio: K_5CuSb_2

d) ThO_2

Con prefijos multiplicadores	Con números romanos	Con números de carga
dióxido de torio	óxido de torio(IV)	óxido de torio(4+)

Se utiliza más el nombre de óxido de torio(IV).

e) $Ir(OH)_2$

Con prefijos multiplicadores	Con números romanos	Con números de carga
dihidróxido de iridio	hidróxido de iridio(II)	hidróxido de iridio(2+)

Es más utilizado el nombre hidróxido de iridio(II).

f) Na_2TcO_4

Esta sal está formada por iones Na^+ y TcO_4^{2-} en la relación 2:1, respectivamente.

Vulgar con números romanos	Vulgar con números de carga	De composición
tecnecato de sodio	tecnecato de sodio	tetraoxidotecnecato de disodio

Conocida la fórmula del ion TcO_4^{2-}, $[TcO_4]^{2-}$, podemos también nombrar este compuesto como tetraoxidotecnecato(2−) de sodio.

> **Ejercicio 10.47**
>
> Formule o nombre los compuestos: a) difluoruro de xenón; b) dihidrogeno=
> fosfato de calcio monohidrato; c) ácido metabórico; d) BaO_6; e) $Tl(I_3)$;
> f) Ag_5IO_6.

Respuesta:

a) difluoruro de xenón: XeF_2.

b) dihidrogenofosfato de calcio monohidrato: $Ca(H_2PO_4)_2 \cdot H_2O$.

c) ácido metabórico: $(HBO_2)_n$.

d) BaO_6

Con prefijos multiplicadores	Nombre con más información	Vulgar
hexaóxido de bario	trióxido(1−) de bario	ozónido de bario

Se utiliza más el nombre de ozónido de bario.

e) $Tl(I_3)$

Con prefijos multiplicadores	Con números romanos	Con números de carga
triyoduro(1−) de talio	(triyoduro) de talio(I)	(triyoduro) de talio(1+)

Hay que distinguirlo de TlI_3, que contiene el ion yoduro(1−) o yodu= ro (nombres de adición y vulgar, respectivamente), de nombre tris(yodu= ro) de talio, yoduro de talio(III) o yoduro de talio(3+).

f) Ag_5IO_6

Esta sal está formada por iones Ag^+ y IO_6^{5-} en la relación 5:1, respectivamente.

Vulgar con números romanos	Vugar con con números de carga	De composición
ortoperyodato de plata	ortoperyodato de plata	hexaoxidoyodato de pentaplata

Conocida la fórmula del ion IO_6^{5-}, $[IO_6]^{5-}$, podemos también nombrar el compuesto como hexaoxidoyodato(5−) de plata.

10.7. EJERCICIOS

 Ejercicio 10.48

Formule o nombre los compuestos: a) cloruro de dioxidouranio(1+); b) dihidrogeno(nonadecahexamolibdato); c) difosfato de amonio; d) NCl_3; e) FrH; f) $Be_3Al_2(SiO_3)_6$.

Respuesta:

a) cloruro de dioxidouranio(1+): UO_2Cl.

El ion UO_2^+ que contiene este compuesto se nombra como dioxidouranio(1+) mediante la nomenclatura de adición.

b) dihidrogeno(nonadecaoxidohexamolibdato): $H_2Mo_6O_{19}$.

c) difosfato de amonio: $(NH_4)_4P_2O_7$.

d) NCl_3

Con prefijos multiplicadores	Con números romanos
tricloruro de nitrógeno	cloruro de nitrógeno(III)

Se utiliza más el nombre de tricloruro de nitrógeno (combinación de dos no metales).

e) FrH

Con prefijos multiplicadores	Con números romanos	Con números de carga
hidruro de francio	hidruro de francio	hidruro de francio

Nos referimos a la nomenclatura de composición con el número de carga porque es un compuesto iónico.

f) $Al_2Be_3(SiO_3)_6$

Al^{3+} y Be^{2+} son los cationes, ordenados alfabéticamente. Se sitúan por delante de $(SiO_3)_n^{2n-}$, anión. Su nombre es hexakis(metasilicato) de dialuminio y triberilio.

Observe que la unidad fórmula es eléctricamente neutra:

$$2(+3) + 3(+2) + 6(-2) = 0$$

Ejercicio 10.49

Formule o nombre los compuestos: a) azida de magnesio; b) cloruro de oxidonitrógeno(2+); c) pentahidrogeno(decaoxidotrifosfato); d) Ni_2O_3; e) $AlK(SO_4)_2 \cdot 12H_2O$; f) $Na_3[Mn(CN)_4(CO)_2]$.

Respuesta:

a) azida de magnesio: $Mg(N_3)_2$.

b) cloruro de oxidonitrógeno(2+): $NOCl_2$.

c) pentahidrogeno(decaoxidotrifosfato): $H_5P_3O_{10}$.

d) Ni_2O_3

Con prefijos multiplicadores	Con números romanos	Con números de carga
trióxido de diníquel	óxido de níquel(III)	óxido de níquel(3+)

e) $AlK(SO_4)_2 \cdot 12H_2O$

Se trata de una sal hidratada. $AlK(SO_4)_2$ es una unidad fórmula y H_2O, una molécula. El agua se pone convencionalmente la última. Su nombre es (bis)sulfato de aluminio y potasio—agua (1/12). Como se trata de una sal hidratada, la nombramos también como (bis)sulfato de aluminio y potasio dodecahidrato.

f) $Na_3[Mn(CN)_4(CO)_2]$

En la fórmula de este compuesto la entidad de coordinación es el anión, que figura entre corchetes después del catión.

- Anión: $[Mn(CN)_4(CO)_2]^{3-}$, di**ca**rboniltetra**ci**anuromanganato(I). El átomo central es el manganeso con número de oxidación +1, ya que está unido a cuatro ligandos cianuro, CN^-, con una carga total de 4−, y a dos ligandos carbonil, CO, sin carga, y la entidad de coordinación tiene una carga de 3−. Obsérvese que los ligandos se nombran por orden alfabético.
- Catión: Na^+, sodio(1+).

El nombre es dicarboniltetracianuromanganato(I) de sodio.

Ejercicio 10.50

Formule o nombre los compuestos: a) trisulfuro de dihidrógeno; b) cloruro de tionilo; c) diacuadicloruroníquel(II); d) SiC; e) Cr(OH)$_2$; f) BCl$_3$·NH$_3$.

Respuesta:

a) trisulfuro de dihidrógeno: H$_2$S$_3$.

b) cloruro de tionilo: SOCl$_2$.

Hay que distinguirlo del cloruro de sulfurilo, de fórmula SO$_2$Cl$_2$. Ambos son nombres vulgares aceptados por la IUPAC. Conocidas sus fórmulas estructurales, [SCl$_2$O] y [SCl$_2$O$_2$], podemos llamarlos diclorurooxidoazufre y diclorurodioxidoazufre, respectivamente, mediante la nomenclatura de adición.

c) diacuadicloruroníquel(II): [NiCl$_2$(OH$_2$)$_2$].

d) SiC

Con prefijos multiplicadores	Con números romanos
carburo de silicio	carburo de silicio

No nos referimos a la nomenclatura de composición con el número de carga porque no es un compuesto iónico. Es un compuesto covalente macromolecular.

e) Cr(OH)$_2$

Con prefijos multiplicadores	Con números romanos	Con números de carga
dihidróxido de cromo	hidróxido de cromo(II)	hidróxido de cromo(2+)

Se utiliza más el nombre de hidróxido de cromo(II).

f) BCl$_3$·NH$_3$

Se trata de un aducto. BCl$_3$ y NH$_3$ son moléculas. Están ordenadas alfanuméricamente porque hay el mismo número de moléculas de cada

194 CAPÍTULO 10. EJERCICIOS DE RECAPITULACIÓN

una de ellas y están separadas por un punto. Al nombrarla se citan alfabéticamente (primero **a**moniaco y después **t**ricloruro de boro). Su nombre es amoniaco—tricloruro de boro (1/1).

Ejercicio Final

Relacione cada nombre con su fórmula del círculo de la figura. En él aparecen 82 fórmulas de especies químicas (iones y sustancias) y alguno de sus 82 nombres respectivos.

H^+ sulfato de magnesio He_2^+
dihidroxidohidrurooxidofósforo
H_3BO_3 cloruro de plomo(II) $(NH_4)_2SO_4$
$RbHCO_3$ hidruro de litio CdS óxido de estroncio
$Na_2CO_3 \cdot 10H_2O$ clorito de hierro(3+) H_2Se octaazufre
hidrogenofosfato de amonio ClO_2^- disulfuro de carbono N_2O
PH_4^+ dicromato de potasio $Fe(ClO)_3$ hidrogenocarbonato de rubidio
PCl_5 sulfato de cadmio—amoniaco (1/6) $AuCl_3$ hidroxidooxidocloro
hidróxido de rubidio CsOH dimercurio(2+) CO_2 cloruro de calcio dihidrato
ácido fosforoso K_2O_2 pentaóxido de dinitrógeno BrO_4^- óxido de cobalto(II) P_4
$KMnO_4$ hidróxido de potasio TiN dihidroxidooxidoazufre GaAs cloruro de bario
$MgSO_4 \cdot 7H_2O$ hidruro de cromo(II) $Ca_3(PO_4)_2$ vanadio telururo de plata NH_4Cl
dióxido(2−) de bario $Al(OH)_3$ trihidrogeno(tetraoxidofosfato) Cu_2O sulfuro cobre(I)
Cr_2O_3 superóxido de sodio $AlPO_4$ monóxido de carbono $(NH_4)_2HPO_4$ dihelio(1+)
V tetrahidrogeno(tetraoxidosilicato) KCl ácido carbónico PO_3^{3-} hexacontacarbono CrSe
ácido perclórico $CsHSO_4$ óxido de bismuto(III)—dióxido de silicio (2/3) $HClO_4$ diazufre
Si_2^- hidrogenoborato Ag_3ClSO_4 perclorato de sodio NH_4IO_2 sulfato de calcio dihidrato
ozono MoO_4 hidruro de lantano(II) $SiCl_4$ dihidrogenofosfato de manganeso(III) I_3^- boro
KOH tetracloruro de silicio HBO_3^{2-} dióxido de carbono LiH sulfuro de cadmio $K_2Cr_2O_7$
H_2SO_3 fosfito $CaCl_2 \cdot 2H_2O$ pentacloruro de fósforo CoO tetrafósforo $CdSO_4 \cdot 6NH_3$ agua
nitrito de plata CS_2 clorito $H_2S_2O_7$ μ-óxido-bis(hidróxidodioxidoazufre) S_8 perbromato
carbonato de sodio decahidrato RbOH cloruro de oro(III) $HClO_2$ óxido de cromo(III)
fosfanio Hg_2^{2+} cloruro de potasio $PbCl_2$ hidróxido de cesio B bis(fosfato) de tricalcio
fosfato de aluminio NaO_2 óxido de dinitrógeno BaO_2 selenuro de dihidrógeno H_2O
hidróxido de aluminio SrO trihidrogeno(trioxidoborato) $Mn(H_2PO_4)_3$ arsano
H_3PO_3 cloruro de amonio H_2CO_3 hidrogenosulfato de cesio $2Bi_2O_3 \cdot 3SiO_2$
cloruro sulfato de triplata AsH_3 sulfato de magnesio heptahidrato Cu_2S
O_3 óxido de cobre(I) N_2O_5 selenuro de cromo(II) C_{60} triyoduro(1−)
S_2 yodito de amonio H_3PO_4 óxido de molibdeno(VIII) H_2PHO_3
H_4SiO_4 sulfato de amonio CO peróxido de potasio LaH_2
hidrón $AgNO_2$ nitruro de titanio(III) $CaSO_4 \cdot 2H_2O$
CrH_2 permanganato de potasio $NaClO_4$
Ag_2Te arsenuro de galio $MgSO_4$
$BaCl_2$ disiliciuro(1−)

10.7. EJERCICIOS

Respuesta:

Nº	Fórmula	Nombre	Nº	Fórmula	Nombre
1.	N_2O_5	pentaóxido de dinitrógeno	22.	$MgSO_4$	sulfato de magnesio
2.	CrSe	selenuro de cromo(II)	23.	Si_2^-	disiliciuro(1−)
3.	$K_2Cr_2O_7$	dicromato de potasio	24.	$MgSO_4 \cdot 7H_2O$	sulfato de magnesio heptahidrato
4.	V	vanadio	25.	H_3BO_3	trihidrógeno(trioxidoborato)
5.	MoO_4	óxido de molibdeno(VIII)	26.	CS_2	disulfuro de carbono
6.	O_3	ozono	27.	H^+	hidrón
7.	C_{60}	hexacontacarbono	28.	N_2O	óxido de dinitrógeno
8.	Cr_2O_3	óxido de cromo(III)	29.	K_2O_2	peróxido de potasio
9.	$CdSO_4 \cdot 6NH_3$	sulfato de cadmio—amoniaco (1/6)	30.	NH_4Cl	cloruro de amonio
10.	H_2O	agua	31.	KOH	hidróxido de potasio
11.	CO	monóxido de carbono	32.	$Na_2CO_3 \cdot 10H_2O$	carbonato de sodio decahidrato
12.	CO_2	dióxido de carbono	33.	$HClO_4$	ácido perclórico
13.	$CsHSO_4$	hidrogenosulfato de cesio	34.	$AuCl_3$	cloruro de oro(III)
14.	$Al(OH)_3$	hidróxido de aluminio	35.	B	boro
15.	$CaSO_4 \cdot 2H_2O$	sulfato de calcio dihidrato	36.	GaAs	arsenuro de galio
16.	NaO_2	superóxido de sodio	37.	Cu_2O	óxido de cobre(I)
17.	$PbCl_2$	cloruro de plomo(II)	38.	CsOH	hidróxido de cesio
18.	P_4	tetrafósforo	39.	H_2Se	selenuro de dihidrógeno
19.	$KMnO_4$	permanganato de potasio	40.	KCl	cloruro de potasio
20.	H_2CO_3	ácido carbónico	41.	Hg_2^{2+}	dimercurio(2+)
21.	TiN	nitruro de titanio(III)	42.	$H_2S_2O_7$	μ-óxido-bis(hidroxidodioxidoazufre)

Respuesta (continuación):

Nº	Fórmula	Nombre	Nº	Fórmula	Nombre
43.	$AlPO_4$	fosfato de aluminio	64.	NH_4IO_2	yodito de amonio
44.	$RbOH$	hidróxido de rubidio	65.	$HClO_2$	hidroxidooxidocloro
45.	He_2^+	dihelio(1+)	66.	$AgNO_2$	nitrito de plata
46.	PH_4^+	fosfanio	67.	LaH_2	hidruro de lantano(II)
47.	$Ca_3(PO_4)_2$	bis(fosfato) de tricalcio	68.	LiH	hidruro de litio
48.	CdS	sulfuro de cadmio	69.	SrO	óxido de estroncio
49.	PCl_5	pentacloruro de fósforo	70.	$Fe(ClO)_3$	hipoclorito de hierro(3+)
50.	CrH_2	hidruro de cromo(II)	71.	$NaClO_4$	perclorato de sodio
51.	$(NH_4)_2HPO_4$	hidrogenofosfato de amonio	72.	AsH_3	arsano
52.	H_3PO_4	trihidrogeno(tetraoxidofosfato)	73.	H_2SO_3	dihidroxidooxidoazufre
53.	$RbHCO_3$	hidrogenocarbonato de rubidio	74.	$SiCl_4$	tetracloruro de silicio
54.	H_4SiO_4	tetrahidrogeno(tetraoxidosilicato)	75.	ClO_2^-	clorito
55.	S_8	octaazufre	76.	H_3PO_3	ácido fosforoso
56.	S_2	diazufre	77.	PO_3^{3-}	fosfito
57.	$Mn(H_2PO_4)_3$	dihidrogenofosfato de manganeso(III)	78.	BaO_2	dióxido(2−) de bario
58.	H_2PHO_3	dihidroxidohidrurooxidofósforo	79.	Cu_2S	sulfuro de cobre(I)
59.	$(NH_4)_2SO_4$	sulfato de amonio	80.	Ag_2Te	telururo de plata
60.	HBO_3^{2-}	hidrogenoborato	81.	Ag_3ClSO_4	cloruro sulfato de triplata
61.	$CaCl_2 \cdot 2H_2O$	cloruro de calcio dihidrato	82.	BrO_4^-	perbromato
62.	$2Bi_2O_3 \cdot 3SiO_2$	óxido de bismuto(III)—dióxido de silicio (2/3)	83.	CoO	óxido de cobalto(II)
63.	$BaCl_2$	cloruro de bario	84.	I_3^-	triyoduro(1−)

Índice general

0. Introducción — 7

1. Aspectos básicos para la nomenclatura — 11
   1.1. La tabla periódica de los elementos 11
   1.2. Índices en los símbolos de los elementos. Isótopos 19
   1.3. Las sustancias y sus fórmulas 20
   1.4. La secuencia de los elementos 23
   1.5. Número de oxidación y número de carga 24
      1.5.1. Número de oxidación 24
      1.5.2. Número de carga 31

2. Sustancias simples e iones homoatómicos — 33
   2.1. Sustancias simples de elementos no metales 33
   2.2. Sustancias simples de los elementos metales y semimetales 34
   2.3. Iones homoatómicos 35
      2.3.1. Iones monoatómicos 35
      2.3.2. Iones homopoliatómicos 37

3. Compuestos binarios   **41**

    3.1. Combinaciones binarias del hidrógeno 44

         3.1.1. Hidruros iónicos 44

         3.1.2. Hidruros metálicos 46

         3.1.3. Hidruros covalentes con los elementos de los grupos 13, 14 y 15 47

         3.1.4. Hidruros covalentes con los elementos de los grupos 16 y 17. Hidrácidos 50

    3.2. Combinaciones binarias del oxígeno 52

         3.2.1. Óxidos 52

         3.2.2. Peróxidos, superóxidos y ozónidos 56

    3.3. Otras combinaciones binarias 61

         3.3.1. Combinaciones de metal con no metal (sales binarias) . . . 61

         3.3.2. Combinaciones de no metal con no metal 64

4. Compuestos pseudobinarios   **69**

    4.1. Hidróxidos 69

    4.2. Cianuros 71

    4.3. Sales de amonio 71

5. Oxoácidos   **73**

    5.1. Nombres vulgares 73

         5.1.1. Oxoácidos 'meta' y 'orto' 77

         5.1.2. Oxoácidos 'di' y 'tri' 80

         5.1.3. Derivados de oxoácidos progenitores 81

         5.1.4. Oxoácidos tautómeros 83

5.2. Nomenclatura de adición 83

    5.2.1. Nomenclatura de adición para oxoácidos con dos átomos centrales 85

    5.2.2. Nomenclatura de adición para oxoácidos poliméricos 86

5.3. Nomenclatura de hidrógeno 86

5.4. Nomenclatura comparada de los principales oxoácidos 88

    5.4.1. Oxoácidos de los halógenos 88

    5.4.2. Oxoácidos de los calcógenos o elementos del grupo del azufre 88

    5.4.3. Oxoácidos de los nictógenos o elementos del grupo del nitrógeno 89

    5.4.4. Oxoácidos del carbono y del silicio 89

    5.4.5. Oxoácidos de boro, cromo y manganeso 90

6. Iones heteropoliatómicos   91

6.1. Iones heteropoliatómicos derivados de hidruros progenitores 91

6.2. Aniones heteropoliatómicos derivados de oxoácidos 92

    6.2.1. Nombres vulgares de los oxoaniones resultante de la pérdida completa de hidrones 92

    6.2.2. Nombres de adición para oxoaniones 96

    6.2.3. Nombres de hidrógeno para oxoaniones hidronados 97

6.3. Otros iones heteropoliatómicos 100

    6.3.1. Aniones 100

    6.3.2. Cationes 100

7. Oxosales   103

7.1. Nombres vulgares 103

7.2. Nomenclatura de composición 106

7.3. Nomenclatura de adición 109

7.4. Nomenclatura comparada de algunas oxosales 111

8. Sales generalizadas y compuestos de adición   115

8.1. Sales generalizadas 115

8.2. Compuestos de adición 117

9. Compuestos de coordinación y otras sales   121

9.1. Compuestos de coordinación 121

     9.1.1. Nomenclatura de las entidades de coordinación 124

     9.1.2. Nomenclatura de los compuestos de coordinación 126

9.2. Otras sales 135

10. Ejercicios de recapitulación   139

10.1. Compuestos binarios 139

10.2. Hidróxidos, cianuros y sales de amonio 141

10.3. Oxoácidos 142

10.4. Oxosales 142

10.5. Sales generalizadas y compuestos de adición 143

10.6. Compuestos de coordinación y otras sales 143

10.7. Ejercicios 144

- 5.2. Nomenclatura de adición 83
  - 5.2.1. Nomenclatura de adición para oxoácidos con dos átomos centrales 85
  - 5.2.2. Nomenclatura de adición para oxoácidos poliméricos 86
- 5.3. Nomenclatura de hidrógeno 86
- 5.4. Nomenclatura comparada de los principales oxoácidos 88
  - 5.4.1. Oxoácidos de los halógenos 88
  - 5.4.2. Oxoácidos de los calcógenos o elementos del grupo del azufre 88
  - 5.4.3. Oxoácidos de los nictógenos o elementos del grupo del nitrógeno 89
  - 5.4.4. Oxoácidos del carbono y del silicio 89
  - 5.4.5. Oxoácidos de boro, cromo y manganeso 90

6. Iones heteropoliatómicos 91

- 6.1. Iones heteropoliatómicos derivados de hidruros progenitores 91
- 6.2. Aniones heteropoliatómicos derivados de oxoácidos 92
  - 6.2.1. Nombres vulgares de los oxoaniones resultante de la pérdida completa de hidrones 92
  - 6.2.2. Nombres de adición para oxoaniones 96
  - 6.2.3. Nombres de hidrógeno para oxoaniones hidronados 97
- 6.3. Otros iones heteropoliatómicos 100
  - 6.3.1. Aniones 100
  - 6.3.2. Cationes 100

7. Oxosales 103

- 7.1. Nombres vulgares 103
- 7.2. Nomenclatura de composición 106

	7.3. Nomenclatura de adición	109
	7.4. Nomenclatura comparada de algunas oxosales	111

8. Sales generalizadas y compuestos de adición   **115**

     8.1. Sales generalizadas 115

     8.2. Compuestos de adición 117

9. Compuestos de coordinación y otras sales   **121**

     9.1. Compuestos de coordinación 121

           9.1.1. Nomenclatura de las entidades de coordinación 124

           9.1.2. Nomenclatura de los compuestos de coordinación 126

     9.2. Otras sales 135

10. Ejercicios de recapitulación   **139**

     10.1. Compuestos binarios 139

     10.2. Hidróxidos, cianuros y sales de amonio 141

     10.3. Oxoácidos 142

     10.4. Oxosales 142

     10.5. Sales generalizadas y compuestos de adición 143

     10.6. Compuestos de coordinación y otras sales 143

     10.7. Ejercicios 144

Significado de algunas notaciones y términos que se emplean en el libro

- Cuando se dice que un nombre es 'más utilizado', me refiero a que es preferido a otros para nombrar el compuesto. En las PEvAU utilizan generalmente la misma clase de nombres para un determinado tipo de compuestos.

- En ciertas tablas, cuando aparecen columnas en las que figuran los nombres para un compuesto según distintas nomenclaturas, en aquellas columnas que están rellenas de gris están los nombres más usuales empleados en las PEvAU.

- Cuando para una fórmula se citan distintos nombres, el nombre vulgar aceptado va tras un punto y coma.

- Los nombres con prefijos multiplicadores en los que no haya ambigüedad y en los que la ausencia del prefijo 'mono-' la produzca, aparecerán |entre barras|.

- El símbolo tipográfico '=' (doble guion descentrado) se utiliza para dividir los nombres de especies químicas al final de un renglón, a menos que podamos aprovechar un guion presente en el nombre.

Referencias

[1] Neil G. Connelly, Ture Damhus, Richard M. Hartshorn y Alan T. Hutton. Miguel Ángel Ciriano López y Pascual Román Polo (versión española). *Nomenclatura de Química Inorgánica. Recomendaciones de la IUPAC 2005.* Prensas Universitarias de Zaragoza, junio 2007.

[2] Ponencia de Química de Andalucía. *Guía sobre el uso de la nomenclatura de química inorgánica para las pruebas de acceso a la universidad* (pdf). 2011.

[3] Grupo de trabajo de la Nomenclatura de Química Inorgánica de la Real Sociedad de Química. *Resumen de las normas de la IUPAC 2005 de la nomenclatura de química inorgánica para su uso en la enseñanza secundaria y recomendaciones didácticas* (pdf). (2016).

[4] Olivares Campillo, S. *Nomenclatura de Química Inorgánica. Recomendaciones de la IUPAC 2005. Una adaptación al Libro Rojo.* (pdf). Murcia, 2014.

[5] Real Sociedad Española de Químicos. *Nombres y símbolos en español de los elementos aceptados por la IUPAC el 28 de noviembre de 2016 acordados por la RAC, la RAE, la RSEQ y la Fundéu.* Anales de Química 113 (1), 2017, 65-67.

Otros libros del autor

Química 2.0 Cuestiones y problemas para la Selectividad. Jaén: Liberman Editorial, 2012. 464 p. ISBN: 978-84-937550-1-0.

Física 2.0 Cuestiones y problemas para Bachillerato. Jaén: Gráficas La Paz de Torredonjimeno, S.L.U., 2013. 464 p. ISBN: 978-84-616-4671-5.

www.ingramcontent.com/pod-product-compliance
Lightning Source LLC
Chambersburg PA
CBHW080454220526
45465CB00006B/2273